普通高等教育"十二五"规划教材

多媒体技术与应用

莫礼平　曾琳玲　谌爱文　编著

北　京

冶金工业出版社

2015

内 容 提 要

  本书以帮助读者快速掌握多媒体技术相关知识及简单多媒体作品开发技能为目标，从简单实用的角度出发，在介绍多媒体技术相关概念、基础理论知识和相关多媒体处理及多媒体作品制作工具软件的使用方法的基础上，以案例导航的形式，深入浅出地介绍了不同类型多媒体作品的开发技巧和实现方法。

  本书可作为普通高等院校信息科学类专业多媒体技术及相关课程的教材，也可供高职院校相关专业读者及从事多媒体作品开发及应用工作的工程技术人员参考。

图书在版编目(CIP)数据

多媒体技术与应用/莫礼平等编著 . —北京：冶金工业
出版社，2015.8
普通高等教育"十二五"规划教材
ISBN 978-7-5024-7041-8

Ⅰ.①多… Ⅱ.①莫… Ⅲ.①多媒体技术—高等学校
—教材 Ⅳ.①TP37

中国版本图书馆 CIP 数据核字(2015)第 192487 号

出 版 人 谭学余
地 址 北京市东城区嵩祝院北巷 39 号 邮编 100009 电话 (010)64027926
网 址 www.cnmip.com.cn 电子信箱 yjcbs@cnmip.com.cn
责任编辑 宋 良 美术编辑 吕欣童 版式设计 孙跃红
责任校对 郑 娟 责任印制 牛晓波
ISBN 978-7-5024-7041-8
冶金工业出版社出版发行；各地新华书店经销；北京百善印刷厂印刷
2015 年 8 月第 1 版，2015 年 8 月第 1 次印刷
787mm×1092mm 1/16；11 印张；266 千字；168 页
25.00 元

冶金工业出版社 投稿电话 (010)64027932 投稿信箱 tougao@cnmip.com.cn
冶金工业出版社营销中心 电话 (010)64044283 传真 (010)64027893
冶金书店 地址 北京市东四西大街 46 号(100010) 电话 (010)65289081(兼传真)
冶金工业出版社天猫旗舰店 yjgycbs.tmall.com
(本书如有印装质量问题，本社营销中心负责退换)

前　言

本书为吉首大学精品教材。

随着计算机的普及和网络技术的飞速发展，多媒体形式的信息已成为当今时代的主流信息，多媒体技术已成功应用于社会各个领域，对人们的学习、工作及生活方式产生了重大影响。人们学习多媒体技术知识和掌握多媒体技术应用技能的需求越来越迫切。

本书结合我国普通高等院校信息科学类专业多媒体技术相关课程教学的实际需要，按照理论与实践相结合的原则编写而成。全书共7章。第1章介绍多媒体技术的基本知识、发展情况及应用领域；第2章介绍音频处理基本知识和音频处理工具软件Sound Forge；第3章介绍图形图像处理基本知识和图形处理工具软件CorelDraw及图像处理工具软件Photoshop；第4章介绍视频处理基本知识和视频处理工具软件Premiere；第5章介绍动画基本知识和动画制作工具软件Flash；第6章介绍多媒体作品制作工具软件Authorware；第7章简要介绍流媒体基本知识和流媒体编程工具JRTPLIB。为了更好地帮助读者掌握多媒体技术相关的概念、理论知识及多媒体技术应用技能，并满足读者进行自主学习和创新实践的需要，每一章均采用"学习提示＋正文＋案例导航＋习题"的模式编写。

本书第1章、第5章和第7章由莫礼平编写，第2章和第6章由谌爱文编写，第3章和第4章由曾琳玲编写。

由于时间仓促，加上编者水平有限，书中难免有错漏和不妥之处，诚请读者批评指正。

编　者
2015年6月

目　录

1　多媒体技术概述

【学习提示】

◆学习目标

➤掌握多媒体、多媒体技术的相关概念

➤掌握数据压缩技术的相关概念，了解常用的音频和视频压缩编码方法

➤了解多媒体技术的应用领域

◆核心概念

媒体；多媒体信息；超文本；多媒体技术；数据压缩

1.1　多媒体及多媒体技术基本概念

多媒体技术是计算机技术和社会需求相结合而造就的产物。多媒体信息处理功能已成为当前个人计算机的标准配置。参照爱因斯坦能量公式 $E = mC^2$，当今信息环境（E）可以表示成多媒体（m）、计算机（C）与通信（C）的乘积。

1.1.1　多媒体和多媒体技术

"多媒体"一词译自英文单词"Multimedia"，其核心是"媒体"（Media）。媒体有媒质和媒介两种含义。媒质是指磁盘、光盘、磁带等存储信息的实体；媒介是指数字、文字、图形、图像、声音和视频等传递信息的载体。多媒体技术中的媒体，是指信息的载体，是人们为了表达思想或感情所使用的手段、方法或工具，体现为信息的表现形式和传递方式。

参照国际电报电话咨询委员会（CCITT）标准，媒体分为五类：

（1）感觉媒体。能直接作用于人们的感觉器官，使人们产生直接感觉，帮助人们感知周围世界的媒体。如人类通过听觉、视觉、触觉来感知客观环境中的语音、视频、图像、动画、文本等。

（2）表示媒体。为了传送感觉媒体而人为研究出来的媒体，是使用计算机对信息的表示方法的描述。借助于此种媒体，能有效的存储或传送感觉媒体。如语言编码、电报码等信息的表达方法。

（3）显示媒体。通信中实现电信号和感觉媒体之间转换功能的媒体，通常指能够输入或输出信息的工具和设备。如键盘、鼠标、显示器、打印机等输入输出设备。

（4）存储媒体。用于存放某种信息数据的载体。如纸张、磁带、磁盘、光盘等保存表示媒体的介质（软盘、硬盘、光盘等）。

（5）传输媒体。用于传输信息数据的媒体。如光纤、电缆、微波无线链路、红外无线链路等传输信息数据的物理载体。

一般来说，媒体具有如下主要特性：

（1）重现力。指媒体不受时间、空间的限制，能将记录、存储的内容随时重新使用的能力。不同媒体的重现能力不同。例如，实时的广播与电视瞬间即逝，难以重现；录音、录像与电影媒体能将记录存储的信息反复重放使用；幻灯、投影与计算机课件也能根据教师与学习者的需求反复重现。

（2）表现力。指各类媒体表现客观事物的时间、空间、声音、颜色以及运动特征的能力。由于信息不是事物本身而是事物的表征，而不同媒体是用不同的符号去表征或描述事物的，因而对事物运动状态与规律具有不同的表现力。

（3）传播力。指媒体把各种符号形态的信息传递到一定空间范围内再现的能力，有无限接触和有限接触之分。如计算机网络和有线电视系统能将信息传送到更广阔的范围，而幻灯、投影、录音、录像等只能在有限的教学场所播放等。

（4）参与性。指用户在应用媒体时具有参与活动的机会，可分为行为参与和感情参与。如电影、电视、广播等媒体，具有较强的表现力与感染力，容易引起情感上的反应，从而激发人们感情上的参与；而多媒体计算机的交互作用，能使人们在使用计算机过程中根据本人的需要去控制行为进程。因此，它是一种行为与感情上参与程度高的媒体。

（5）可控性。指使用者对媒体操纵控制的难易程度。像幻灯、投影、录音、录像及计算机媒体等比较容易操纵，而对于广播、电视，只能按电台播出的时间去视听，不易操纵。

多媒体信息是指集文本、图形、图像、动画、音频、视频为一体的综合媒体信息。通常，多媒体信息数据具有数据量巨大、数据类型多、不同数据类型之间区别大、数据输入和输出复杂等特点。

多媒体技术是指通过计算机对文字、数据、图形、图像、动画、声音等多种媒体元素信息进行综合处理和管理，使用户可以通过多种感官与计算机进行实时信息交互的技术。多媒体技术将多种类型的媒体元素综合在一起，建立彼此间的逻辑连接，并能支持交互式操作。其中，媒体元素主要包括：

（1）文本。文本分非格式化文本和格式化文本两种。非格式化文本文件（即纯文本文件）不包含任何格式信息，存储格式为 TXT；格式化文本文件带有文本排版信息等各种格式信息，例如 DOC 文件。

（2）图形。图形是指用计算机绘制的直线、圆、圆弧、矩形、自由曲线和图表等画面，其格式是一组描述点、线、面等几何图形的大小、形状及其位置、维数的指令集合。图形文件中只记录生成图的算法和图的某些特征点，也称矢量图。常用的矢量图形文件的存储格式有 3DS、DXF、WMF 等。

（3）图像。图像是指由输入设备捕捉的实际场景画面，或以数字化形式存储的任意画面。静止图像用矩阵表示，阵列中的数字用来描述构成图像的各个像素点的强度与颜色等信息。图像也称为位图。图像文件的存储格式有多种，如 BMP、PCX、TIF、TGA、GIF、

JPG 等。

（4）音频。数字音频分为波形声音语音和音乐。波形声音包含了所有的声音形式，任何声音通过采样量化，都可得到波形声音。语音也是一种波形声音。波形声音文件的格式为 WAV 或 VOC。音乐是符号化了的声音。乐谱可转变为符号媒体形式。音乐的文件格式有 MID、CMF 等。

（5）动画。动画本质上是多组静态画面的连续播放，是活动的画面。画面播放或运动元素的表演行为由脚本来控制。动画文件的存储格式有 FLA、FLC、MMM 等。

（6）视频。视频和动画都是由连续渐变的静态图像或图形序列，沿时间轴顺次更换显示，从而构成运动视觉的媒体。当序列中每帧图像是由人工或计算机产生的图像时，称为动画；当序列中每帧图像是通过实时摄取自然景象或活动对象时，常称为影像视频，或简称为视频。视频文件的存储格式有 AVI、MPG、MOV 等。

1.1.2　多媒体技术的主要特征

综合起来，多媒体技术具有以下几个主要特征：

（1）多样性。信息载体的多样性是多媒体的主要特征之一，是指信息媒体的多样性。多媒体就是要把计算机处理的信息多样化或多维化，使人们能交互地处理多种信息。多媒体技术的多样性体现在信息采集或生成、传输、存储、处理和显现的过程中，涉及多种感知媒体、表示媒体、传输媒体、存储媒体或呈现媒体，或者多个信源或信宿的交互作用。信息载体的多样性使计算机所能处理的信息空间范围扩展和放大，而不再局限于数值、文本或特殊对待的图形和图像，通过信息的捕获、处理与展现，使之在交互过程中具有更广阔、更自由的空间，以满足人类感官空间全方位的多媒体信息要求。

（2）集成性。多媒体技术的集成性是以计算机为中心能够对多种信息媒体进行获取、存储、组织与合成。主要表现在多媒体信息的集成，以及操作这些媒体信息的工具和设备集成两个方面。多媒体信息的集成，包括信息的多通道统一获取、多媒体信息的统一组织和存储、多媒体信息表现合成等方面，各种信息媒体应能按照一定的数据模型和组织结构集成。工具和设备集成，包括硬件和软件两个方面，强调与多媒体相关的各种硬件的集成和软件的集成，为多媒体系统的开发和实现建立一个理想的集成环境，以有效提高多媒体软件的开发效率。

（3）交互性。交互性是多媒体应用有别于传统信息交流媒体的主要特点之一。传统信息交流媒体只能单向被动地传播信息，而多媒体技术则可以实现人对信息的主动选择和控制。所谓交互性，是指在多媒体应用系统中人与系统之间的相互控制能力。交互性为用户提供更加有效地控制和使用信息的手段和方法，使得用户能够对信息处理的全过程都能进行完全有效的控制，并把结果按用户的要求以多种媒体形式综合地表现出来，同时作用于人的多种感官。通过对信息处理过程的自由地控制和干预，能够增加用户对信息的注意力和理解，延长信息的保留时间。交互性为多媒体技术的应用开辟了更加广阔的空间。

（4）协同性。每一种媒体都有其自身规律，各种媒体之间必须有机地配合才能协调一致。多种媒体之间的协调以及时间、空间和内容方面的协调是多媒体的关键技术之一。协同性是指多媒体通信终端上显示的图像、声音和文字必须以同步方式工作。例如，用户要使用多媒体应用系统查询一种野生动物北极熊的生态信息，北极熊的图像资料存放在图像数据库中，而其吼叫声、讲解资料等放在声音数据库中，还有其他相关的资料放在相应的数据库中。此时，应用系统必须通过不同的传输途径获取不同的信息，并将它们按照特定的关系组合在一起，呈现给用户。

（5）实时性。实时性指在多媒体系统中声音与活动的视频图像、动画之间的同步特性。声音、活动图像和视频都强调实时性，多媒体系统必须提供同步和实时处理的能力，能够实时地反映它们之间的联系。当用户给出操作命令时，相应的多媒体信息都能够得到实时控制。因此，多媒体技术必须提供对这些媒体实时处理的技术，例如支持视频会议系统和可视电话。

（6）非线性。多媒体技术的非线性特点将改变人们传统循序性的读写模式。以往人们读写方式大都采用章、节、页的框架，循序渐进地获取知识，而多媒体技术将借助超文本链接的方法，把内容以一种更灵活、更具变化的方式呈现给读者。

（7）使用便捷性。支持用户按照自己的需要、兴趣、任务要求、偏爱和认知特点来使用信息，用户能够任意选择图、文、声等信息表现形式。

1.1.3　多媒体技术相关概念

1.1.3.1　超文本

超文本是一种文本，采用超链接的方法，将各种不同空间的文字信息组织在一起的网状文本。传统文本是以线性方式组织的，而超文本是以非线性方式组织的。超文本可以视为由若干信息节点和表示信息节点之间相关性的链构成的、一个具有一定逻辑结构和语义关系的非线性网络。超文本技术是一种按信息之间的关系非线性地存储、组织、管理和浏览信息的计算机技术，将自然语言文本和计算机交互式地转移或动态显示线性文本的能力结合在一起，它的本质和基本特征就是在文档内部和文档之间建立关系，正是这种关系给了文本以非线性的组织。超文本以节点（Node）为单位组织相关内容信息，在节点与节点之间通过表示它们之间关系的链（Link）加以连接，构成表达特定内容的信息网络。超文本组织信息的方式与人类的联想记忆方式有相似之处，从而可以更有效地表达和处理信息。目前的超文本普遍以电子文档方式存在，其中的文字包含有可以链接到其他位置或者文档的链接，允许从当前阅读位置直接切换到超文本链接所指向的位置。网页是一种采用超文本标记语言（HTML）描述超文本组织形式的最常见的超文本。

1.1.3.2　超媒体

超媒体是超级媒体的简称。超媒体技术是超文本技术和多媒体技术的结合，是一种采用超文本方式的非线性网状结构对块状多媒体信息（包括文本、图形、图像、动画、声音、视频等）进行组织和管理的技术。通过超媒体，可以获得多媒体计算机所能处理的任何信息。超媒体和超文本的本质一样。超文本技术在诞生的初期管理的对象是纯文本，所以称做超文本；超媒体由超文本和多媒体共同构成，将超文本技术的管理对象从纯文本扩展到多媒体。超媒体技术开创了"整合资源"的新模式，是新媒体意识与新商业思维的有机聚合。通过超媒体技术，用户只需在某个文本或图片图像信息条目上单击一下鼠标，就能马上找到与条目相关的信息。

1.1.3.3　流媒体

流媒体（又叫流式媒体）是指采用流式传输的方式在 Internet 播放的媒体格式。实际上，流媒体并非一种新的媒体，而是指一种将视频、音频和相关媒体数据流同时从网络服务器端（发送端）向网络客户端（接收端）传输的方式。该方式具有连续、实时的特性。流媒体及流媒体技术的发展，大大地促进了多媒体技术在网络上的应用。

1.1.3.4 多媒体系统

多媒体系统是指能够对数值、文本、图形、图像动画、声音和视频等多媒体元素信息进行采集、编辑存储、播放、同步和变换等处理的计算机系统，包括多媒体硬件系统和多媒体软件系统。多媒体硬件系统包括支持多媒体处理的中央处理器（CPU）、支持声音和视频处理的声音及视频接口、支持多媒体存储的存储器和各种总线接口等。多媒体软件系统包括各种多媒体驱动软件、多媒体操作系统、多媒体开发工具和多媒体应用软件。

1.1.3.5 虚拟现实

虚拟现实是一种多技术多学科相互渗透和集成的技术，是计算机软硬件技术、传感技术、机器人技术、人工智能及心理学等飞速发展的结晶。它通过综合应用计算机图像处理、模拟与仿真、传感、显示系统等技术和设备，以模拟仿真的方式，通过计算机生成逼真的三维视觉、听觉和触觉等感觉，给用户提供一个真实反映操作对象变化与相互作用的三维图像环境，从而构成一个虚拟世界；并通过特殊的输入、输出设备（如数据手套、头盔式三维显示装置等）提供给用户一个与该虚拟世界相互作用的三维交互式用户界面。用户使用各种特殊装置将自己"投射"到该环境中，并操作和控制环境，能够自然地对虚拟世界进行体验和交互。

虚拟现实技术具有如下基本特征：

（1）多感知性（视觉、听觉、触觉、味觉和嗅觉感知）。

（2）沉浸感（临场感）。

（3）交互性。

（4）构想性（不仅可以再现真实存在的环境，也可随意构想客观世界不存在的、甚至是不可能发生的环境）。

虚拟现实是多媒体应用的高级境界，应用前景十分看好。目前，该技术已经成功应用于模拟训练、军事演习、航天仿真、娱乐、设计与规划、教育与培训、商业等领域，其发展潜力不可估量。

1.2 多媒体数据压缩技术

1.2.1 数据冗余和数据压缩

原始多媒体信息数据中除有用信息外，还包含大量的无用信息，这就是数据冗余。多媒体数据压缩技术的核心是，在保证一定质量的前提下，尽可能减少多媒体信息中的数据冗余，尽可能利用最短的时间和最小的空间，传输和存储更多的多媒体信息数据。

多媒体信息中的数据冗余一般有以下 6 种：

（1）空间冗余。图像中同一种色彩区域中的相邻像素的色彩信息相同，具有色彩信息相关性，产生数字化图像中的数据冗余。

（2）时间冗余。前后两幅相邻图像有很多相同之处，存在有很大的相关性，产生时间冗余。

（3）信息熵冗余（编码冗余）。信息熵是指一组数据所携带的信息量。数据编码过程中，码元长度对应信息出现概率，但码元长度按概率对应的数据量往往大于信息量，由此产生了信息熵冗余。

（4）结构冗余。某些图像存在结构上的一致，构成了图像数据结构冗余。

（5）知识冗余。图像理解与某些知识有很大的相关性。如人脸的图像有固定的结构，这个结构规律是人们所熟知的，这就是知识冗余。

（6）视觉、听觉冗余。因人眼对色差信号（如亮度和色度的差别、高亮度区和非高亮度区的差别、边缘和非边缘的区别）的变化不敏感，所以，在许可的阈值范围内，允许在数据压缩和量化过程中引入噪声。这就是视觉冗余。听觉冗余的概念与视觉冗余类似。

数据压缩处理包括编码和解码两个过程。编码就是为了达到某种目的（如减少数据量）而将原始数据进行某种变换的过程。解码是编码的逆过程。根据解码后的数据与原始数据是否一致，数据压缩方法可划分为两类：

（1）无损压缩。数据在压缩或解压过程中不会改变或损失，解压缩后的数据与原来的数据完全相同。

（2）有损压缩。压缩会引起一些信息损失，解压缩后的数据与原来的数据有所不同，但不会让人对原始资料表达的信息产生误解。有损压缩技术主要用于解压后的信号不要求与原始信号完全相同的场合，如音频、彩色图像和视频等数据压缩。

压缩编码算法的任务是，在允许一定程度失真的前提下，减少冗余信息。常用的压缩编码算法主要有以下几种：

（1）预测编码算法。根据离散信号之间存在的关联性，利用信号的过去值对信号现在值进行编码，达到数据压缩的目的。预测编码方法分为差分脉码调制（DPCM：Differential Pulse Code Modulation）及自适应差分脉码调制（ADPCM：Adaptive Differential Pulse Code Modulation）等算法。

（2）变换编码算法。先对信号用某种函数进行变换，从一种信号域交换到另一种信号域，再对变化后的信号进行编码。变换编码方法主要包括：离散傅里叶变换、离散余弦变换（DCT：Discrete Cosine Transform）、Walsh – Hadamar 变换（WHT）、Karhumen – Love 变换（KLT）等算法。

（3）统计编码算法。利用消息出现概率的分布特性来进行数据压缩编码。为了减少信息数据符号出现概率不同而产生的信息熵冗余，对出现概率大的符号用短的码字表示，反之则用长码字表示，从而提高码字符号的平均信息量。统计编码是一种无损编码。

（4）子带编码（SBC：Subbmd Code）算法。该类算法根据人的感官对时频组合信号敏感程度的不同来进行数据压缩编码，采用某种方法将输入信号划分成不同频段（时段）上的子信号，根据各子信号的特性分别编码。对信号中有重要影响的部分分配较多的码字，反之则分配较少的码字。

（5）行程编码算法。此系最早开发的最简单数据压缩方法，尤其适用于 0、1 成片出现的数据压缩。当数据中 0 出现较多时，对 0 的持续长度进行编码，让 1 保持不变，反之亦然。

（6）结构编码算法。将图像中的边界轮廓、纹理等结构特征求出，然后保存这些结构特征及参数信息。解码时根据结构和参数信息进行合成，恢复出原图像。

（7）基于知识的编码算法。对于可用规则描述的图像（如人脸等），可首先利用人们已知的知识形成一个规则库，然后用一些参数描述图像的变化，再联合参数和模型的使用，就可实现图像的编码和解码。

结构编码算法和基于知识的编码算法均属于模型编码算法，其压缩比很高，称为第二代编码算法。

1.2.2 音频数据压缩编码技术

声音通信是最主要的音频信息传递途径之一。从频率范围在 300Hz ~ 3.4kHz 电话质量的语音，到 50Hz ~ 7kHz 调幅广播质量的音频，再到 20Hz ~ 20kHz 的高保真立体声音频，其音频信号都是模拟信号。为了提高信号的抗干扰能力，并方便多媒体应用系统进行存储、处理和传输，需要先将模拟信号转换为数字信号（即量化），再对数字信号进行压缩编码。

传统的音频压缩技术可分为三类：基于语音波形预测的编码方法、基于参数的编码方法和混合编码方法。

1.2.2.1 波形编码方法

波形编码是根据人耳的听觉特性，利用抽样和量化来表示音频信号的波形，使编码后的信号与原始信号的波形尽可能一致的编码方法。常用的算法有以下几种。

A PCM

脉冲编码调制即 PCM（Pulse Code Modulation），是最早研制成功、使用最广泛的编码系统，其概念简单、理论完善，但压缩比最低。在 PCM 中，先对采样后的脉冲信号进行压扩处理，对小信号进行放大，对大信号进行压缩，然后再均匀合化。解码后再进行相反的过程，恢复原来的信号。

B DPCM

典型的窄带语音带宽限制在 4kHz，采样频率是 8kHz，当使用对数量化器时，样本精度取 8 位，数据率为 64kb/s。为了提高压缩比，可以采用 DPCM 编码法。DPCM 利用语音信号前后样本值之间信号变化不大这一相关性，采用相邻信号之间的差值编码代替信号样本值本身的编码，以减少数据量，提高压缩比。

C ADPCM

在 DPCM 的基础上还可采取自适应措施，即根据输入信号幅度大小来改变量化阶的大小，以进一步提高压缩比、减小数据量。这就是自适应差分脉冲编码（ADPCM）。ADPCM 编码的核心是：利用自适应改变量化阶的大小，对小的误差使用小的量化阶，对大的误差使用大的量化阶；通过对以前样本的计算，估算出下一个输入样本的预测值，以使实际样本值和预测值之间的差值总是最小。DPCM 获得的数据率可降到 16kb/s。

D 子带编码 SBC

在子带编码（即 SBC）方法中，首先使用一组带通滤波器（BPF：Band Pass Filter）把输入信号的频带根据频率的高低分割成带宽相等或带宽不等的若干个连续的频段（每个频段称为子带），对每个子带中的音频信号采用单独的编码方案编码；然后，在信道上传送时，将每个子带代码进行复合；接收端译码时，将每个子带的代码单独译码，再把它们组合起来，还原成原信号。对每个子带单独编码的优点是：可以对每个子带信号分别进行自适应控制；量化阶的大小可以按照每个子带的能量电平加以调节，可以减少总的量化噪声；可根据每个子带信号的重要性，为不同子带分配不同的位数来表示每个样本值。注意：如果分割频带的滤波器不理想，经过分带、编码、译码后合成的输出音频信号会有混迭效应。通常采用正交镜像滤波器（QMF：Quadrature Mirror Filter）来划分子带，可使混迭效应在最后合成时抵消。在中等速率的编码系统中，子带编码具有动态范围宽、音质高、成本低的优势。基于子带编码技术的编码器已用于语音存储转发和语音邮件。

1.2.2.2　参数编码方法

波形编码能保持原始语音波形特征等特点，但高质量解码需要系统具有高的传输带宽来保证较高的传码率。参数编码是一种压缩比更高，能够对传码率进行大压缩的技术。采用该方法通信时，发送端只需将相关参数进行编码、发送，在接收端则可根据这些参数重建信号。

参数编码方法基于人类语音的生成模型。这种编码方法并不真实地反映输入语音信号的原始波形，而是着眼于人耳的听觉特性，确保解码语音的可懂度和清晰度。基于这种编码技术的编码系统一般称为声码器。声码器主要用于在窄带信道上提供 4.8kb/s 以下的低速语音通信和一些对延时要求较宽的应用场合。

线性预测编码（LPC：Liner Predictive Coding）是一种非常重要的参数编码。LPC 通过分析语音波形来产生声道激励和各项模型参数，对这些参数进行编码。在接收端通过语音合成器重构语音。合成器实质上是一个离散的、随时间变化的、可用于分析语音波形的时变线性滤波器，可作为预测器用于人的语音生成系统模型。

1.2.2.3　混合编码方法

混合编码方法结合了波形编码和参数编码两种方法的优点。既利用语音生成模型，通过对模型中的参数进行编码，减少波形编码中被编码对象的动态范围或数目；又使编码的过程产生接近原始语音波形的合成语音，以保留说话者的各种自然特征，提高了合成语音质量。目前普遍使用的时域合成分析（AbS：Analysis by Synthesis）编译码器就是基于混合编码方法的编码器。

AbS 编译码器由 Atal 和 Remde 在 1982 年首次提出，命名为多脉冲激励（MPE：Multi Pulse Excited）编译码器。此后又出现了等间隔脉冲激励（RPE：Regular Pulse Excited）编译码器、码激励线性预测（CELP：Code Excited Linear Predictive）编译码器和混合激励线性预测（MELP：Mixed Excitation Linear Prediction）等编译码器。AbS 编译码器工作原理为：为了寻找一种能使产生的波形尽可能接近原始语音波形的激励信号，先"分析"输入语音提取发声型中的声道模型参数，再选择激励信号激励声道模型产生"合成"语音，通过比较合成语音与原始语音的差别，选择最佳激励，以获得最佳逼近原始语音的效果。这种编码器在 4.8 ~ 16kb/s 码率上，能合成出较高质量的语音。

1.2.3　图像及视频数据压缩编码技术

图像及视频数据压缩技术可划分为两代：基于像素的第一代图像编码技术和基于图像

内容及人类视觉系统特性的第二代图像编码技术。

第一代编码技术的核心在于，如何给一个基于一定分割方式（如 8×8 像素）得到的图像消息序列分配合适的码字。无损压缩编码方法中的哈夫曼编码、算术编码、行程编码等，以及有损压缩编码方法中的预测编码方法、频率域方法、空间域方法、基于重要性的编码方法等，都属于第一代编码方法。H. 261、JPEG、H. 263 等图像压缩国际标准就是这类编码方法的组合应用。这类编码方法都以像素或像素块为编码实体，且具有以下特点：

（1）把图像分解成一些事先确定的、固定大小的像素块。像素块的划分方法与图像内容无关。

（2）在接收端获得的图像中的每一像素，与原始图像中相对应的像素相似。

（3）利用运动补偿技术减少时间冗余度，但不考虑图像内容的结构，也不考虑人眼的视觉特性。

第二代编码技术的核心在于，按照怎样的方式结合人眼的视觉特性来获得图像消息序列。第二代编码方法主要包括模型基图像序列编码、分析基图像序列编码、小波变换编码等。

几种典型的图像及视频数据压缩编码方法介绍如下。

1.2.3.1 预测编码方法

预测编码可分为帧内预测编码和帧间预测编码。

（1）帧内预测编码

帧内预测编码多用差分脉冲编码调制 DPCM 法。当 DPCM 用于图像数据压缩时，选取画面上坐标 (m, n) 的像素点的 3 个（或更多个）相邻点 $(m-1, n)$，$(m-1, n-1)$，$(m, n-1)$ 的数值，预测 (m, n) 像素点的数值。然后将预测值与实际值相比较，取得误差。按误差最小的条件来确定预测公式中的各系数值。当画面上相邻点发生全范围变化时，如边界处的像素点，DPCM 的效果较差，重构的图像会产生边界模糊。此时可以使用自适应差分脉冲编码调制 ADPCM，并通过自动调整预测公式中的系数，以得到较为理想的结果。

（2）帧间预测编码

根据序列图像（运动图像）帧间在时间上的强相关性，利用帧间编码技术可以减少帧序列内图像信号的冗余。运动补偿法是常用的帧间预测编码方法。运动补偿技术的关键是计算图像中运动部分位移的两个分量（运动向量），根据画面内的运动情况，对其加以补偿后再进行帧间预测，以提高预测的准确性。

1.2.3.2 正交变换方法

图像信号的能量主要集中在低频端，如果将图像信号通过傅里叶变换或 Z 变换等变换到频域后，只要对频域空间量化器进行非均匀比特分配，即对高能量区分配较多的比特数，低能量区分配较少的比特数，就可以获得较高的压缩比。目前，广泛应用的是具有快速傅里叶变换、代数分解及矩阵分解等多种快速算法的 DCT（Discrete Cosine Transform，离散余弦变换）法。

正交变换编码对信道误码较不敏感，缺点是会产生"方块效应"，可采用适当的重叠正交变换来克服此缺点，而又不增加比特数。

1.2.3.3　空间－时间域变换方法

空间－时间域变换方法是预测编码与变换相结合的混合编码方法。编码时，先对图像内容进行判断，若前后帧很相似，则编码器进行帧间预测（结合运动补偿），消除时间冗余。再对所得预测误差进行二维离散余弦变换，以消除空间冗余。如果前后两帧图像相差较大，则对每帧进行帧内离散余弦变换（即把图像每一个子块数据进行 DCT）。最后，对上述两种情况所得的 DCT 系数进行量化，再对量化值进行二维行程编码。

1.2.3.4　算术编码方法

以上几种都是有损压缩编码，重建后的图像与原始图像之间存在可以容忍的误差。算术编码是一种无损压缩编码方法，其基本原理是：信息用 0 到 1 之间的一个间隔（范围）来表示被处理信息中的一个字符。这个间隔的大小（即编码间隔）取决于信息符号的概率。信息中的符号越多，编码表示的间隔就越小，表示这一间隔所需的二进制位数就越多。信息源中连续的符号，根据某一模式生成概率的大小来缩小范围，出现概率大的符号比出现概率小的符号缩小的范围小。

1.2.3.5　模型基图像序列的编码方法

模型基图像序列编码属于第二代图像编码技术。该方法中，在发送端，图像分析模块利用已知的模型分析输入图像，提取图像紧凑和必要的描述信息，得到一些数据量不大的模型参数。例如，可视电话中，图像的主体是人脸，利用脸部形状信息、表情信息等知识就可以描述人脸图像。当已知人脸的三维模型时，只需发送脸部的运动参数（如头部的旋转、位移及描述脸部表情的参数）。在接收端，通过同样的脸部三维模型，利用传送过来的被估计和量化后的脸部运动参数，就能重建"原来"的图像。重建的图像可以十分逼真。

由于考虑到人脸的结构是已知的，即人脸图像存在有知识冗余，因此，利用该方法，在传输信息时，只需将数据量不大的参数值进行传输，就能保证具有逼真效果的图像的重建，数据压缩比得到了很大的提高。

1.2.3.6　分形图像编码方法

分形图像编码利用图像中一些重要特征，诸如直边缘和平坦区域都是缩放变换时不变化的量等，通过粗尺度（Coarse－Scale）图像特征逼近精细图像特征。分形编码器对图像中较大块进行求均值及子采样，然后完成等比例变换（如弯曲、旋转、缩放、平移等），得到相应的码簿。对于直边缘和平坦区域等具有缩放不变性的图形块，用这种码簿来控制编码极为有效。对应每一个图像块有一个压缩变换，所有这些变换组合起来，它们的不动点就是原来图像的近似表示。只要有效地保存这些变换的参数，就完成了对图像的压缩。

由于自然图像并不是严格自相似的，因此分形图像编码方法是一种有损压缩方法。

1.2.3.7　小波变换编码方法

正交变换方法中，为了减少数据量，实现数据压缩，可利用傅里叶变换或 DCT 变换，先将图像信号变换到频域，然后再进行编码。但由于傅里叶变换、DCT 变换等都是对整个时间轴进行处理，完全没有利用频带时间信息，使得高频分量被丢弃，会导致重建的图像产生"边缘"效应，图像边界变得模糊不清。为了减除"边缘"效应，可改用能够充分利用频带的时间信息的小波变换来代替正交变换。

小波变换时，先用时频窗口对图像信号进行划分，对频带的不同部分可以用不同的窗宽来分析。对低频信号，采用宽时间、窄频率窗小波，以得到高的频率分辨率；对高频信号则采用窄时间、宽频率窗小波，以得到高的时间分辨率。由于小波分析对高频分量采用逐渐精细的时域取样步长，因此可以对图像边缘等细节进行高效编码。另外，小波变换是一种全局变换，能够避免"方块效应"。如果将小波变换后得到的变换域系数进行量化加权，再与人眼的视觉特性相结合，就能大幅提高压缩比。实践证明，基于小波变换的压缩编码方法是一种有效且实用的方法，数据压缩比高，发展潜力极大。

1.3　多媒体硬件技术和软件技术

实现多媒体信息的高效率的传输、存储和处理，涉及多种硬件技术和软件技术。

1.3.1　硬件技术

多媒体硬件包括计算机硬件、声音/视频处理器、多种媒体输入/输出设备及信号转换装置、通信传输设备及接口装置等。其中，最重要的是根据多媒体技术标准而研制生成的多媒体信息处理芯片和输入输出等技术。

（1）专用芯片技术。专用芯片是多媒体计算机硬件体系结构的关键。为了实现音频、视频信号的快速压缩、解压缩和播放处理，需要大量的快速计算，只有采用专用芯片，才能取得满意的效果。多媒体计算机专用芯片可归纳为两种类型：一种是固定功能的芯片；另一种是可编程的数字信号处理器芯片。

（2）输入输出技术。多媒体输入与输出技术包括媒体变换技术、媒体识别技术、媒体理解技术和综合技术。媒体变换技术是指当前广泛使用的视频卡、音频卡（声卡）等媒体变换设备改变媒体表现形式的技术。媒体识别技术是指语音识别技术、触摸屏技术等对信息进行一对一映像的技术。媒体理解技术是指自然语言理解、图像理解、模式识别等对信息进行更进一步的分析处理和理解信息内容的相关技术。媒体综合技术是指语音合成器等把低维信息表示映像到高维的模式空间的技术。

1.3.2　软件技术

多媒体软件技术主要涉及以下内容：

（1）多媒体操作系统。负责多媒体环境下多任务的调度、保证音频、视频同步控制以及信息处理的实时性，提供多媒体信息的各种基本操作和管理；具有对设备的相对独立性与可扩展性。Windows、OS/2 和 Macintosh 操作系统都提供了对多媒体的支持。

（2）多媒体素材采集与制作技术。主要包括对多种媒体数据进行采集和编辑处理的技术。例如，声音信号的录制编辑和播放、图像扫描及预处理、全动态视频采集及编辑、动画生成编辑、音/视频信号的混合和同步处理等技术。

（3）多媒体编辑与创作工具。是在多媒体操作系统之上开发的，供特定应用领域的专业人员组织编排多媒体数据，并把它们连接成完整的多媒体应用系统的工具。例如，影视系统的动画制作及特技效果制作工具、培训教育和娱乐节目制作工具等。

（4）多媒体数据库技术。结构型的多媒体信息无法用传统的关系数据库进行管理，为了实现多媒体信息的有效管理，需要从多媒体数据模型、多媒体数据压缩和解压缩的模式、多媒体数据管理及存取方法、用户界面等方面研究数据库技术。

1.4　多媒体技术的发展

1.4.1　多媒体技术发展简史

20 世纪 80 年代初，美国麻省理工学院就成立了媒体实验室，从事有关多媒体信息处理的理论与技术研究。1984 年，为了增加图形处理功能，改善人机交互界面，Apple 公司推出的 Macintosh 微机引入位图概念来处理图形图像，并使用了窗口和图标作为用户接口。改善后的图形用户界面（Graphical User Interface，GUI）受到普遍欢迎，鼠标作为交互输入设备的应用更是大大方便了用户的操作。位图概念的提出，标志着多媒体技术的诞生。随后几年间，多媒体技术得到大力发展。

1985 年，美国 Commodore 公司推出了世界上第一台具有影视与动画功能、真正的多媒体系统 Amiga。该系统以其功能完备的视听处理能力，大量丰富的实用工具以及性能优良的硬件，使全世界看到了多媒体技术的未来。同年，美国微软公司推出了 Windows 图形化操作系统，是一个具有多媒体功能且用户界面友好的窗口操作系统。

1986 年，Philips 和 Sony 联合推出了 CD – I 系统，它把各种多媒体信息以数字化的形式存放在 650MB 的 CD – ROM 上，用户可通过读取光盘中的内容来进行播放。

1987 年，美国 RCA 公司推出了 DVI 系统，它以计算机技术为基础，用标准光盘来存储和检索静止图像、活动图像、声音和其他数据。同年，Apple 公司引入了"超级卡（Hypercard）"，使 Macintosh 微机成为用户可以方便使用、能处理多种媒体信息的机器，形成了唯一可与 IBM PC 分庭抗礼的势力。

1989 年，Intel/IBM 把 DVI 芯片装在 IBM PS/2 微机上，宣布将 DVI 技术开发成一种普及化商品 Action Media 750，其软件支持为 AVSS（Audio Video Support System）。

到 20 世纪 90 年代，多媒体技术的发展达到了一个高潮。为了使多媒体技术和众多相关设备具有更好的通用性和兼容性，人们开始制定一系列的技术标准和设备标准，并不断更新和发展这些标准。

1990 年，Philips 等 14 家厂商组成多媒体市场协会。

1991 年，第六届国际多媒体和 CD – ROM 大会宣布 CD – ROM/XA 标准，填补了原有标准在音频方面的不足。同年，Intel/IBM 推出 Action Media 750 Ⅱ 及 AVK（Audio Video Kernel）。同年，微软召开多媒体开发者会议，制订出 MPC 1.0 版技术规范。

1992 年，Intel 和 IBM 共同研制的 DVI（Digital Video Interactive）Action Media 750 Ⅱ 在 Comdex 博览会上荣获了最佳多媒体产品奖和最佳展示奖。同年，静止图像压缩标准 JPEG 成为数字图像压缩的国际标准。随后，动态图像压缩标准 MPEG 和语音信息压缩标准 H.26 X 等多媒体计算机及技术标准逐渐被建立。

1993 年，美国"电话巨人"贝尔大西洋公司出巨资 330 亿美元并购美国最大的 CATV 公司——电讯传播公司，为发展新型 CATV、开发多媒体信息服务、实现"信息高速公路"起了巨大的推动作用。同年，国际标准化组织/国际电子学委员会正式采纳 MPEG – 1

标准，用于运动图像和伴音进行编码。

1994 年，第一届 WWW 大会首次提出虚拟现实建模语言标准。

1995 年，微软正式公布了 32 位的微机操作系统 Windows 95。同年，美国 Progressive Networks 公司推出了声音播放软件 Real Audio，标志着流媒体技术的诞生。

1997 年，Intel 公司推出了具有多媒体扩展技术（MultiMedia eXtensions，MMX）的奔腾处理器，成为多媒体计算机的一个标准。MMX 技术是在 CPU 中加入了特地为视频信号（Video Signal）、音频信号（Audio Signal）以及图像处理（Graphical Manipulation）而设计的指令。MMX CPU 极大地提高了电脑的多媒体（如立体声、视频、三维动画等）处理功能。

1998 年，MPEG－4 标准制订，解决了多媒体系统之间的交互性。MPEG－4 标准利用很窄的带宽，通过帧重建的技术压缩和传输数据，期望传输最少的数据而获得最佳的图像质量。同年，万维网发布了扩展标记语言 XML1.0。XML 是一种允许用户对自己的标记语言进行定义的源语言，提供统一的方法来描述和交换独立于应用程序或供应商的结构化数据。

2001 年，MPEF－7 标准制订，为多媒体信息提供一种标准化的描述。到目前为止，微软已相继推出了 Windows 98、Windows 2000、Windows XP、Windows 2003、Windows Vista、Windows 7、Windows 8 和 Windows 10 等操作系统。

近年来，随着技术的进步和市场前景的明朗化，越来越多的财力、物力和人力被投入到多媒体技术领域。多媒体技术已成为电子与信息领域的热门技术，多媒体产品已成为电子与信息领域的热门产品。

1.4.2 多媒体技术的发展趋势

在当今数字化、网络化、全球一体化的信息时代，已呈现出多媒体技术集成化、多媒体终端的智能化和嵌入化、多媒体技术网络化的发展趋势。

1.4.2.1 多媒体技术集成化

传统的计算机应用中，对信息的表达仅限于文本媒体"显示"。在多媒体环境下，各种媒体并存，视觉、听觉、触觉、味觉和嗅觉媒体信息的综合与合成，就不能仅仅用"显示"完成媒体的表现了。各种媒体的时空安排和效应，相互之间的同步和合成效果，相互作用的解释和描述等，都是表达信息。影视声响技术广泛应用，使多媒体的时空合成、同步效果进一步加强。交互技术的发展，使多媒体技术在模式识别、全息图像、自然语言理解（语音识别与合成）和新的传感技术等基础上，利用人的多种感觉通道和动作通道（如语音、书写、表情、姿势、视线、动作和嗅觉等），采用传输和特殊的表达方式，通过并行和非精确方式与计算机系统进行交互，提高人机交互的自然性和高效性，能够实现以逼真输出为标志的虚拟现实。

多媒体技术将通信技术、大众传媒技术融合到一起后，将具有单一技术所无法实现的新功能和优异特性。多媒体技术的集成性，决定了多媒体技术需要多领域的专家共同合作研究。把人工智能领域某些研究课题和多媒体计算机技术很好地结合，是多媒体计算机长远的发展方向。

1.4.2.2　多媒体终端的智能化和嵌入化

目前，多媒体计算机硬件体系结构、软件不断改进，尤其是采用了硬件体系结构设计和软件、算法相结合的方案，使多媒体计算机的性能进一步提高。目前，将计算机芯片嵌入各种家用电器中，开发智能家电已成为多媒体技术应用的一个发展方向。将文字的识别和输入、语音的识别和输入、自然语言理解和机器翻译、图形的识别和理解、机器人视觉和计算机视觉等智能技术同多媒体技术融合，可以让多媒体终端设备具有更高的智能化。嵌入式多媒体系统可应用在人们生活与工作的各个方面，在工业控制和商业管理领域，如智能工控设备、POS/ATM 机、IC 卡等；在家庭领域，如数字机顶盒、数字式电视、网络冰箱、网络空调等消费类电子产品，以及已经出现的家庭（住宅）中央控制系统等。此外，嵌入式多媒体系统在医疗类电子设备、多媒体手机、掌上电脑、车载导航器、娱乐、军事方面等领域也有着巨大的应用前景。

1.4.2.3　多媒体技术网络化

随着网络通信等技术的发展和相互融合，使得服务器、路由器、转换器等网络设备的性能越来越高。多媒体技术同网络通信技术的结合发展，消除了空间和时间距离的障碍，使得多媒体计算机在协同工作环境中，能够为人类提供更完善的信息服务。此外，交互的、动态的多媒体技术能够在网络环境创建出更加生动逼真的二维与三维场景。基于新一代用户界面与人工智能的网络化、人性化、个性化的多媒体软件的应用将越来越普及。

新一代网络协议和与之对应的多媒体软件开发，综合原有的各种多媒体业务，将会使计算机多媒体技术无线网络异军突起，掀起网络时代的新浪潮，使得多媒体无所不在。通过访问全球网络和设备来实现对多媒体资源的使用，将逐渐成为未来发展的主题。

1.5　多媒体技术的应用

多媒体技术的应用分为 4 种类型。一是以 IP 电话、实时电视会议、远程医疗等为代表的实时交互应用（Interactive Applications）；二是以音频点播（AOD）、视频点播（VOD）、交互式多媒体游戏等为代表的非实时交互应用；三是以网络收音机、网络电视、手机电视、移动电视等为代表的实时非交互应用（Non - Interactive Applications）；四是以网络广告、时移电视等为代表的非实时非交互应用。

目前，多媒体技术正在以迅速的、意想不到的方式进入到人们的生产生活实际中。多媒体技术的非实时非交互应用、实时非交互应用、非实时交互应用和实时交互应用在商业、教育、企业管理、办公自动化、通信、医疗、交通、军事、文化娱乐、测控等领域发挥了巨大作用，取得了良好的社会效益和经济效益。

1.5.1　商业领域

多媒体技术在商业领域的应用，包括培训、营销、广告、产品演示、数据库、网络通信、语音邮件和视频会议服务等。其优势主要体现在服务和宣传方面。例如，开发企业形象宣传软件，应用多媒体交互技术宣传企业文化、历史成就、经营理念、商业计划；开发产品和商品宣传软件，制作电子产品手册，应用多媒体技术向客户展示商品的外形、功能、特点、操作方式等。再如，使用多媒体手段制作展览资料、会议片头、工作汇报材料、年度报告等，提高各方面工作效率；利用多媒体技术开发培训软件，对员工进行内部培训，提高员工的业务素养等。此外，多媒体技术在影视宣传、影视特技制作、MTV 制作、仿真游戏开发等行业的应用，极大程度地挖掘了影视作品、MTV 作品及游戏作品的商业价值。

总而言之，在当今信息时代，商业运作及相关事务处理的各个环节几乎都会应用到多媒体技术。

1.5.2 教育领域

多媒体技术在模拟课堂教学环境、实现资源共享、实现人机交互功能等方面，具有无可比拟的优势。

利用多媒体技术，通过仿真模拟，能够创造出类似真实的课堂教学环境，使学习者在真实感中学习，却又没有真实世界的压力。例如，通过虚拟图书馆，就能在 Internet 上享用世界各地的馆藏图书目录、书籍、期刊、音像制品和相关的文献资料等，甚至还可以下载所需要的资料。近年来，基于多媒体技术的多媒体教育教学软件发展迅速。该类软件能够模拟课堂教学的现实环境，具有图文声并茂、寓教于乐、教学过程直观明了、引人入胜等特点。该类软件的应用能够显著提高教育教学的效果。

利用多媒体技术实现信息共享、人机交互和即时反馈是现代计算机的重要特点。上网用户均可以通过网络即时交换和共享信息。教育是一种双向沟通的过程，教学活动应该以真实的、具有挑战性的任务为重心，这样可强烈地刺激学生的学习动机，使他们对学习产生浓厚的兴趣，进而为了达到某一学习目标而对各种知识进行积极的探索。利用多媒体技术实现的教育教学信息共享、师生同计算机的人机交互和即时反馈，在一定程度上为教学活动的有效开展提供了保障。

突破地域时空多种形式的信息互动式交流是多媒体教育教学的真正本质。现代远程教学教育系统允许用户通过语音甚至动态图像进行实时通信，能够让用户同时进行视频对话、文字、语音、图形和图像的交流。用户浏览到的教育教学信息不再只是文字和图形，还包括了语音、音乐、动态图像、动画和三维影像等生动有趣的内容。远程教学教育系统为用户异地接受教育，参加学校的听课、讨论、考试和听取导师面对面的指导，提供了一种高效便捷的途径。目前，通过互联网实现国际网络远程教育已成为现实。

多媒体技术的发展为教育出版物实现电子出版与电子书库提供了平台。E – Book（电子书），E – Newspaper（电子报纸）、E – Magazine（电子杂志）等磁、光盘类电子出版物大批涌现。电子出版物具有重量轻、体积小、价格便宜、多媒体化、交互式阅读和检索等特点，是传统的纸介质出版物不可比拟的。电子出版物与电子书库大幅降低了文献阅读和信息检索的成本，极大地提高了文献阅读和信息检索的效率。网络时代，电子书库运用多媒体技术来实现电子出版物的管理，在信息发布者和读者之间建立一种实时的、交互的、基于服务器/浏览器结构的网络结构，使得文献阅读和信息检索更为方便而且灵活。借助不同的关键词，读者可进行基于单一条件或综合条件的信息检索。

1.5.3 其他领域

多媒体技术能够为人们提供更全面的综合信息处理、信息表示和显示的全新工具。多媒体技术产品在计算机市场和家电市场已展雄姿，它使计算机市场拓宽，使家电产品换代。当前，众多先进的生产管理系统和工具软件都已从多媒体技术和产品中受益。多媒体技术在银行及邮局业务查询、旅游景点导航、书城、电脑资料及报价查询系统等触摸屏查询软件中，在大型企业资料、电话号码查询等黄页查询系统中，以及医疗远程诊断、远程手术等服务领域的成功应用，给公共服务和人们的生活娱乐方式带来了巨大改变。

在多媒体办公自动化和指挥自动化系统中，通过使用大量的媒体数据库和超媒体文献，为用户提供了支持各种媒体查询和检索、协作的便捷工作环境。这些系统不仅可以浏览和处理大量通过网络来来往往的信息和数据，而且通过多媒体计算机会议系统，还可以使多个不同地点的人员参加同一个会议，通过视频、音频信息的传递，可以在不同地点之间形成面对面的效果，同时，也可以监视所需要的各种现场数据和图像。

基于多媒体技术的信息咨询系统既包括城市道路查询、航班咨询、专业业务咨询等系统，又包括展览、展示、广告等系统。这种系统充分利用了多媒体信息方便理解和易于表现的特性，通常由用户自己操作使用，或者是自动运行播放。

借助多媒体通信网络，可以建立起远程医疗保健系统，使得偏远地区的病人享受专家的诊断治疗成为可能。

习　　题

1-1 名词解释：

媒体；多媒体；多媒体技术；流媒体；超文本；虚拟现实。

1-2 简述几种常用的数据压缩方法。

1-3 结合生产和生活实际，简述多媒体技术的应用领域。

2 音频处理

【学习提示】

◆ **学习目标**
➤ 掌握数字音频的基础知识
➤ 了解数字音频的常见格式
➤ 了解数字音频的压缩技术
➤ 掌握 Sound Forge 软件的基本操作方法

◆ **核心概念**
音频；采样；量化；编码；音频压缩技术

◆ **视频教程**
Sound forge 视频教程参考网址：http://video.1kejian.com/computer/soft/489/

2.1 音频处理基本知识

物体在空气中振动时会发出连续的声波，大脑对声波的感知就是声音，也称为音频（Audio）。声音是多媒体信息的一个重要组成部分，是表达思想和情感的一种必不可少的方式。音频的合理使用可以让多媒体系统变得更加多姿多彩。

很早以前，人类就开始研究声音，制造各种乐器，设计各类建筑物如天坛、歌剧院，利用回声制造声音的环绕效果等。随着物理学科、电子学科的发展，人们用机械的方法把真实的声音记录下来，比如19世纪爱迪生发明的留声机，其基本原理就是通过电压来产生模拟声波变化的电流信号并记录下来，灌录成早期的唱片或磁带。这种电流信号就称为"模拟信号"。传统的声音记录方式就是将模拟信号直接记录下来，但这种方式记录的声音，不利于计算机存储和处理。

随着计算机技术的发展，特别是海量存储设备和大容量内存的实现，对音频媒体进行数字化处理便成为可能。数字化处理的核心就是对音频信息的采样，通过对采集到的样本进行加工，生成各种效果。

2.1.1 音频信号的物理特征

模拟音频信号有两个重要的物理特征：频率和振幅。频率体现音调的高低，振幅体现声音的强弱。一般来说，人的耳朵能听到的声音频率范围在 20Hz ~ 20kHz 之间，频率低于

20Hz 的声音为次声，高于 20kHz 的声音为超声。

一个声源每秒可产生成百上千个波形，我们把每秒时间内波峰所发生的数目称为信号的频率，单位用赫兹（Hz）或千赫兹（kHz）表示。

振动物体离开平衡位置的最大距离叫振动的振幅。音频的振幅决定信号的强弱程度，振幅越大，声音越强。音频信号的强度用分贝（dB）表示。

乐音，就是有规则的让人愉快的声音。乐音的三个主要特征是：音调、响度和音色。音调与频率有关，频率越高，音调越高；响度与振幅相关，振幅越大，声音响度越大；音色则由混入基音的泛音所决定。

声音的质量，是指经传输、处理后音频信号的保真度。目前，业界公认的声音质量标准分为 4 级：即数字激光唱盘 CD－DA 质量，其信号带宽为 10Hz～20kHz；调频广播 FM质量，其信号带宽为 20Hz～15kHz；调幅广播 AM 质量，其信号带宽为 50Hz～7kHz；电话的话音质量，其信号带宽为 200～3400Hz。可见，数字激光唱盘的声音质量最高，电话的话音质量最低。

2.1.2　音频信号的数模转换

模拟音频信号很容易受到电子干扰，不便于存储和计算机处理。随着各学科技术的发展和计算机技术发展的需要，声音信号就很自然的逐渐过渡到了数字化阶段，数模转换（A/D 转换和 D/A 转换）技术便应运而生。数模转换就是把模拟信号转换成数字信号的过程，在此过程中，模拟电信号转变成了由"0"和"1"组成的二进制信号。

数模转换的关键步骤是声音的采样、量化和编码。

2.1.2.1　采样

采样就是以适当的时间间隔检测和得到模拟信号波形在采样点的幅值。采样的过程是每隔一个时间间隔在模拟声音的波形上取一个幅度值，把时间上的连续信号，变成时间上的离散信号。该时间间隔称为采样周期，其倒数为采样频率。采样频率是指计算机每秒钟采集多少个声音样本。采样频率越高，即采样的间隔时间越短，则在单位时间内计算机得到的声音样本数据就越多，对声音波形的表示也越精确，越能真实地反映音频信号随时间的变化。

采样频率与声音频率之间有一定的关系，根据奈奎斯特（Nyquist）理论，只有采样频率高于声音信号最高频率的 2 倍时，才能把数字信号表示的声音还原成为原来的声音。

采样的实例就在我们的日常生活中，例如电话和 CD 唱片。在数字电话系统中，为将人的声音变为数字信号，采用脉冲编码调制 PCM 方法，每秒钟可进行 8000 次的采样。PCM 提供的数据传输率是 56kb/s 或 64kb/s。CD 唱片存储的是数字信息上，要想获得 CD 音质的效果，则要保证采样频率为 44.1kHz，也就是能够捕获频率高达 22050Hz 的信号。

2.1.2.2　量化

采样只解决了音频波形信号在时间轴上把一个波形切成若干个等分的数字化问题，还需要用一种数字化的方法来反映某一瞬间声波幅度的电压值的大小。该值的大小影响音量的高低。我们把对声波波形幅度进行数字化表示称为"量化"。

量化的过程是先将采样后的信号按整个声波的幅度划分成有限个区段的集合，把落入某个区段内的样值归为一类，并赋予相同的量化值。如何分割采样信号的幅度呢？可采用二进制的方式来进行表示，即量化数据位数。量化位数是每个采样点能够表示的数据范围，常用的有8位、16位等，量化数据位数越多，越能细化音频信号的幅度变化。

那么，8位、16位到底可以表示多少个不同的量化值呢？可以这样理解：计算机数字信号最终归于二进制数字表示，即为"0"、"1"两个数字。那么拿8位量化位数来说，即有 $2 \times 2 \times 2 \times 2 \times 2 \times 2 \times 2 \times 2 = 2^8 = 256$（0~255）个不同的量化值。同理，16位量化位数则有 $2^{16} = 65536$ 个不同的量化值。通常16位的量化级别足以表示人耳从刚刚能听到的最细微声音到无法忍受的巨大的噪声这样的声音范围了。同样，量化位数越高，表示的声音的动态范围就越广，音质就越好，但是同样的储存的数据量也越大。量化的方法大致可以分成两类：

（1）均匀量化

均匀量化也就是采用相同"等尺寸"来度量采样得到的幅度。这种方法对于输入信号不论大小一律采用相同的量化间隔，其弊端在处理语言信号时就表现得非常突出了。语言信号的处理中，大信号出现的机会并不多，这种"等尺寸"导致增加数据样本位数并不能得到充分的利用。因此，另外一个量化的方法"非均匀量化"的优势就表现出来了。

（2）非均匀量化

顾名思义，非均匀量化就是对输入的信号采用不同的量化间隔。这样，增加的样本位数可以得到有效的利用。对于小信号采用小的量化间隔，对于大信号采用大的量化间隔，这种量化的方法可以在保证精度要求的情况下，使用较少的样本位数来表示输入的信号。

音频信号的数字化过程如图2-1所示。

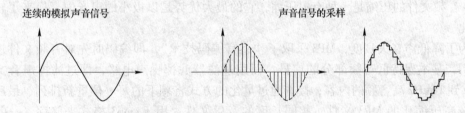

图2-1　音频信号数字化过程

2.1.2.3　编码

模拟信号经过采样、量化后，形成一系列的离散信号，这些信号可以按一定的方式进行编码，形成计算机内部可以运行的数据。音频编码，就是按照一定的格式把经过采样和量化得到的离散数据记录下来，并在有用的数据中加入一些用于纠错、同步和控制的数据。在数据回放时，可以根据所记录的纠错数据差别读出的声音数据是否有错，如在一定范围内有错，可加以纠正。

音频编码方法归纳起来可以分成三大类：波形编码、参数编码和混合编码。波形编码是尽量保持输入波形不变，即重建的语音信号基本上与原始语音信号波形相同，压缩比较低；参数编码是要求重建的信号听起来与输入语音一样，但其波形可以不同，它是以语音信号所产生的数学模型为基础的一种编码方法，压缩比较高；混合编码是综合了波形编码的高质量潜力和参数编码的高压缩效率的混合编码的方法，这类方法也是目前低码率编码的方向。线性脉冲编码调制（PCM）就是一种典型的音频信号数字化的波形编码方式。

2.1.3　常见音频格式简介

音频格式是指专门存放音频数据的文件的格式。采样率、分辨率和声道数目（例如立体声为 2 声道）是音频文件格式的关键参数。音频格式最大带宽是 20kHz，速率介于 40～50kHz 之间，采用线性脉冲编码调制 PCM，每一量化步长都具有相等的长度。

2.1.3.1　WAV

WAV 文件采用三个参数来表示声音：采样频率、采样位数和声道数。WAV 格式是微软公司开发的一种声音文件格式，它符合 PIFF Resource Interchange File Format 文件规范，用于保存 WINDOWS 平台的音频信息资源，被 Windows 平台及其应用程序所广泛支持。WAV 格式支持 MSADPCM、CCITT A LAW 等多种压缩算法，支持多种音频位数、采样频率和声道。在计算机中，采样位数一般有 8 位和 16 位两种，而采样频率一般有 11025Hz、22050Hz 和 44100Hz 三种。标准格式的 WAV 文件和 CD 格式一样，也是 44.1k 的采样频率，速率 88k/s，16 位量化位数，WAV 格式的声音文件质量和 CD 相差无几，是目前 PC 机上广为流行的声音文件格式。

2.1.3.2　MPEG

MPEG 是动态图像专家组（Moving Picture Experta Group）的英文缩写，代表 MPEG 中的音频部分，即 MPEG 音频层。根据压缩质量和编码的复杂程序进行划分，可分为 layer1、layer2、layer3 三层，且分别对应 MP1、MP2 和 MP3 这三种声音文件，并根据不同的用途，使用不同层次的编码。MPEG 音频编码的层次越高，编码器越复杂，压缩率也越高。MP1 和 MP2 的压缩率分别为 4∶1 和 6∶1 到 8∶1，而 MP3 的压缩率则高达到 10∶1，甚至 12∶1。MPEG 音频文件的压缩是一种有损压缩，它的最大优势是以极小的声音失真换来了较高的压缩比。

为了降低声音失真度，MP3 采取了"感官编码技术"，即编码时先对音频文件进行频谱分析，基本保持低音频部分的信号，而用过滤器滤掉噪声电平，即过滤掉声音文件中 12kHz 到 16kHz 高音频的内容，接着通过量化的方式将剩下的每一位重新排列，最后形成具有较高压缩比的 MP3 文件，相同长度的音乐文件，用 ∗.mp3 格式来储存，一般只有 ∗.wav 文件的 1/10，因而音质要次于 CD 格式或 WAV 格式的声音文件。目前 Internet 上的音乐格式以 MP3 最为常见。同时由于其文件尺寸小，音质较好，在它问世之初还没有什么别的音频格式可以与之匹敌，因而为 ∗.mp3 格式的发展提供了良好的条件。

2.1.3.3　MP4

MPEG—4 标准是由国际运动图像专家组于 2000 年 10 月公布的一种面向多媒体应用的视频压缩标准。MPEG—4 以其高质量、低传输速率等优点已经被广泛应用到网络多媒体、视频会议和多媒体监控等图像传输系统中。它采用了基于对象的压缩编码技术，在编码前首先对视频序列进行分析，从原始图像中分割出各个视频对象，然后再分别对每个视频对象的形状信息、运动信息、纹理信息单独编码，并通过比 MPEG—2 更优的运动预测和运动补偿来去除连续帧之间的时间冗余。其核心是基于内容的尺度可变性（Content - basedscalability），可以对图像中各个对象分配优先级，对比较重要的对象用高的空间和时间分辨率表示，对不甚重要的对象（如监控系统的背景）以较低的分辨率表示，甚至不显示。因此它具有自适应调配资源能力，可以实现高质量低速率的图像通信和视频传输。

2.1.3.4 MIDI

MIDI 是乐器数字接口（Musical Instrument Digital Interface）的英文缩写，是数字音乐/电子合成乐器的统一国际标准。MIDI 定义了计算机音乐程序、合成器及其他电子设备交换音乐信号的方式，还规定了不同厂家的电子乐器与计算机连接的电缆和硬件及设备间数据传输的协议，可用于为不同乐器创建数字声音，可以模拟大提琴、小提琴、钢琴等常见乐器。

在 MIDI 文件中，并不是一段录制好的声音，而是只包含产生某种声音的指令。这些指令包括使用的 MIDI 设备的音色、声音的强弱、声音持续的时间等，计算机将这些指令告诉声卡，声卡按照指令将声音合成出来，MIDI 在重放时依据音乐合成器的质量可以有不同的效果。MID 文件格式由 MIDI 继承而来，主要用于电脑作曲领域。*.mid 文件可以用作曲软件制作，也可以通过声卡的 MIDI 口把外接音序器演奏的乐曲输入电脑里，制成 *.mid 文件。

2.1.3.5 WMA

WMA（Windows Media Audio）格式是来自于微软的重量级品种，后台强硬，音质要强于 MP3 格式，更远胜于 RA 格式。它是以减少数据流量但保持音质的方法来达到比 MP3 压缩率更高的目的，WMA 的压缩率一般都可以达到 1∶18 左右。

WMA 支持音频流（Stream）技术，适合在网络上在线播放，作为微软抢占网络音乐产品市场的开路先锋，可以说是技术领先、风头强劲，更方便的是它不用像 MP3 那样需要安装额外的播放器，只要是 Windows 操作系统，就可以直接播放 WMA 音乐，并把 WMA 设为默认的编码格式。

WMA 的另一个优点是内置了版权保护技术，这个版权保护技术可以限制播放时间和播放次数甚至于播放的机器等。

2.1.3.6 RealAudio

RealAudio 文件是 Real Nerworks 公司开发的一种新型流式音频（Streaming Audio）文件格式，主要适用于在低速的广域网上实时传输音频信息。Real 的文件格式主要有：RA（RealAudio）、RM（RealMedia，RealAudio G2）、RMX（RealAudio Secured）等。这些格式的特点是可以随网络带宽的不同而改变声音的质量，在保证大多数人听到流畅声音的前提下，让带宽较富裕的听众获得较好的音质。比如，对于 28.8kb/s 的网络连接，可以达到广播级的声音质量；但如果拥有 ISDN 或更快的网络连接，则可获得 CD 音质的声音。

2.1.3.7 APE

APE 是一种最有前途的网络无损音频文件格式。这种无损压缩格式是以更精炼的记录方式来缩减体积，还原后数据与源文件一样，从而保证了文件的完整性。APE 有查错能力，但不提供纠错功能，以保证文件的无损和纯正；目前只能把音乐 CD 中的曲目和未压缩的 WAV 文件转换成 APE 格式，MP3 文件还无法转换为 APE 格式。

2.1.3.8 CD

CD 格式是音质比较高的音频格式。在大多数播放软件的"打开文件类型"中，都可以看到 *.cda 格式，这就是 CD 音轨。标准 CD 格式是 44.1k 的采样频率，速率 88k/s，16 位量化位数，CD 音轨可以说是近似无损的，因此它是音响发烧友的首选。一个 CD 音频文件是一个 *.cda 文件，这只是一个索引信息，并不是包含真正的声音信息，所以不论

CD 音乐的长短，在电脑上看到的"＊.cda 文件"都是 44 字节长。

    注意：不能直接复制 CD 格式的 ＊.cda 文件到硬盘上播放，需要使用像 EAC 这样的抓音轨软件把 CD 格式的文件转换成 WAV。这个转换过程中，如果光盘驱动器质量过关且 EAC 的参数设置得当的话，基本上可实现无损抓音频。

2.2　音频编辑软件 Sony Sound Forge

    Sony Sound Forge 是一款非常出色的音频编辑软件。虽然它最多只可以同时处理一条立体声音轨（相当于 2 根单声道声轨），但它可以把几条声轨的内容混合在一起进行处理。对于多媒体音频编辑、电台和电视台音频节目处理、录音等等，Sound Forge 是合适的，它不需要非常好的硬件系统，它的可操作性在同类软件里是最出类拔萃的。Sound Forge 还可根据视频文件来编辑音频文件，比如根据一段视频来编辑和处理音频。这样得到的音频可以和视频内容同步播放，就像电影配音、视频广告同步配乐一样。

2.2.1　Sound Forge 工作界面

    下面介绍 Sound Forge 主界面（Main Screen）、基本工具条（Tool Bar）、波形数据窗口（Data Windows）及基本操作。

2.2.1.1　主界面

    打开 Sound Forge，进入如图 2 - 2 所示主界面（"工作台"），所有的编辑工作都在这个界面上完成。

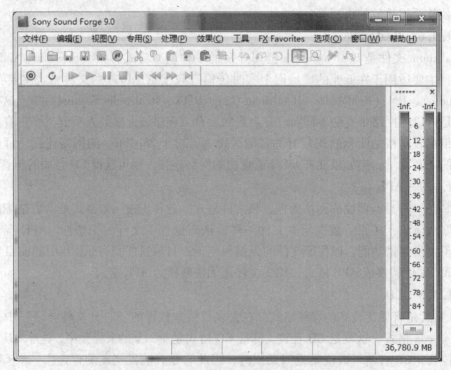

图 2 - 2　Sony Sound Forge 的主界面

●标题栏：显示文件名称。当把一个波形编辑窗激活并最大化显示的时候，这里显示这个波形的文件名称。如果看到该名称后有一个"＊"标记，则说明该波形已经被改变，如图2－3所示。

图2－3 正在编辑未保存的声音文件

●波形编辑窗：每个被打开的声音文件都有各自的波形编辑窗。在这个窗口里可以对波形进行各种处理，并且该窗口的大小是可调的。

●菜单栏：Sound Forge 所有有效的功能都可以在菜单栏内相应的栏目下找到。

●状态栏：显示当前在编辑或激活的声音文件的有关信息，如：采样率（Sample Rate）、采样深度（Sample size）、单声道/立体声、时间长度和硬盘有效剩余空间。除了硬盘有效剩余空间显示外，其他各项都可以使用双击和右键点击来进行选项编辑，或查询该音频文件更详细的资料。

●工作区：通常，它只是一个数据窗的背景，但是用户可以直接从一个波形数据窗内拖动一块波形到工作区，一个新的数据窗就自动创建了。

2.2.1.2 工具栏

第一次运行 Sound Forge 的时候，屏幕上只有标准工具栏和播放工具栏。工具栏上的按钮其实都是 Sound Forge 工具的快捷调用键。

●标准工具栏：提供 Sound Forge 基本的文件编辑和操作功能项。

●播放工具栏：提供音音频播放类控制键：录音、播放全部、播放、暂停（Pause）、停止、向前、向后、终点位置。

2.2.1.3 波形数据窗口

波形数据窗口内包括了音频文件的所有相关数据：

●标题栏：显示音频文件名称。如果文件名称后无后缀，则表示该音频文件是 .WAV 文件。在标题栏内双击，则该波形数据窗口为最大化或还原。

●电平标尺：显示波形的振幅大小。在电平标尺上点击鼠标右键，可弹出电平标尺显示选项快捷菜单。如果将波形振幅放到足够大，还可以用鼠标按住该标尺，然后上下拖动，以显示波形的局部状态。

●时间标尺：显示数据窗内波形每一个点的时间位置。在标尺处点击鼠标右键，可弹出时间显示选项快捷菜单。用鼠标按住该标尺，可左右拖动该标尺，波形显示也随之移动。

●播放工具条。每个波形数据窗口都有各自的监听条用于播放该数据窗里的波形，位于数据窗的左下方，其播放功能包括：起始位置、结束位置、普通播放、循环播放、以音乐样本方式播放（Play as Sample）。

●波形显示区：波形（Waveform）在音频编辑里的显示方式称为"图形化波形"。在这个平面的图形化波形显示中，Y 轴表示波形的振幅（电平），X 轴表示声音波形的时间。这种技术的实现使得音频的可视化编辑成为可能。

在波形显示区的几个缩放操作：

● 水平显示放大率：是指相邻 2 个采样点显示在 X 轴方向之间的时间距离。这个"时间距离"是相对的。最大显示率为 1∶1，然后依次可设置为 1∶2、1∶4、…。

● 时间轴显示缩放：用于放大或缩小波形的显示。可以连续点击放大键或缩小键，在连续变化的时候选中合适的时间轴方向显示状态。

● 振幅轴显示缩放：即 Y 轴方向的放大或缩小波形显示。使用方式同时间轴的缩放键。

● 最大宽度：用于将数据窗横向放大至 Sound Forge 的工作区宽度。

2.2.2　Sound Forge 基本操作

2.2.2.1　打开现有的音频文件

现有的音频文件的打开步骤如下：

（1）执行【文件】|【打开】命令，Sound Forge 弹出图 2-4 所示的对话框。

（2）在对话框内选择路径、文件格式、文件名，点击【打开】（或双击该文件）可完成。在此对话框内，如果选择"打开"按钮左下方的"自动播放"，那么每次选中一个音频文件时，都会自动播放这个音频文件。在打开对话框的下半部分，显示选中的这个音频文件的详细信息：音频文件类型、格式、采样率、bit 率、单声道/立体声、时间长度、循环等。

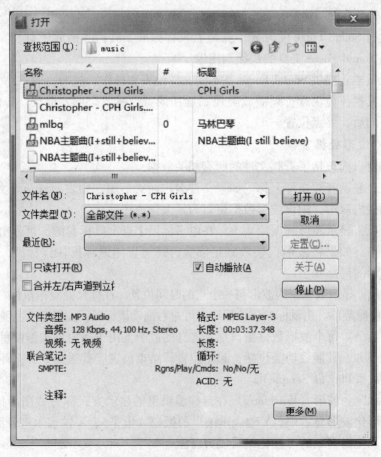

图 2-4　打开现有音频文件对话框

2.2.2.2 新建音频文件

新建音频文件的步骤为：

（1）执行【文件】|【新建】，弹出一个对话框。

（2）选择音频格式：采样率（Hz）、采样深度（bit）、单声道/立体声。

（3）点击确定。

这样创建的波形数据窗口是无任何波形的，如图 2 - 5 所示。实际上，Sound Forge 并不认为这是没有"声音"的，只是这段"声音"非常短，时间长度为 0。

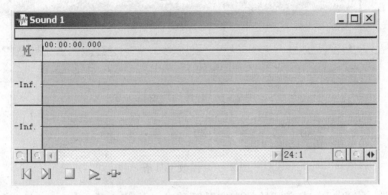

图 2 - 5　新建音频文件窗口

或者：

（1）在已有音频文件的窗口中选取一段需要的波形，进行复制操作。

（2）在窗口的工作区域（灰色部分）右击，在快捷菜单中选择【粘贴到新建】，同样可以新建一个波形窗口。

2.2.2.3 播放音频文件

打开一个音频文件后，进入如图 2 - 6 所示窗口，可以看到这个声音的波形，同时还有一个指针，这就好比 CD 光驱里的激光头。波形显示区内的光标可以单独停留在左或右声道，也可以同时停留在 2 个声道上。对于立体声音轨，光标所处的轨道就是处于激活状态的轨道，并且该轨道可以单独播放。

Sound Forge 的播放工具条如图 2 - 7 所示。播放工具条上有 10 个按钮，从左至右依次为：

（1）录音。可以录制或插入录制音频。快捷方式：【Ctrl + R】。

（2）循环播放。循环播放当前音频文件或文件中选取的一段音频。

（3）播放全部。可以完整地从头至尾播放一个音频文件，无论波形中是否有被选中的段落。快捷方式：【Shift + 空格键】。

（4）播放。直接播放，快捷方式：【Space】（空格键）。

（5）暂停。暂时停止播放，再次按下"播放"的时候，将从此处继续播放下去。快捷方式：【Enter】（回车键）。

（6）停止。停止播放，同时光标会自动回到播放开始时所处的位置。快捷方式：播放时按下空格键。

（7）转到开始。将光标移回到声音开始地方。快捷方式：【Ctrl + Home】。

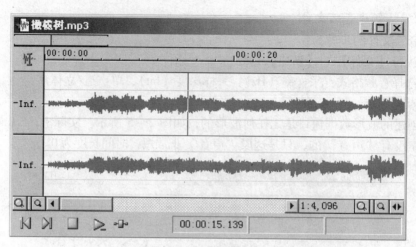

图 2 - 6   音频播放窗口

图 2 - 7   播放工具条

（8）倒带。将光标向声音开始的方向跳跃移动。快捷方式：【Ctrl + 左方向键】。

（9）前进。将光标向声音结束的方向跳跃移动。快捷方式：【Ctrl + 右方向键】。注意：如果不按着【Ctrl】键，光标同样会向选择方向移动，只不过移动间距细小。

（10）转到结束。将光标移至声音的终点。快捷方式：【Ctrl + End】。

2.2.2.4   录音

在录音之前，先确认声音设置为录音状态。双击任务栏上的音量控制按钮，选择【选项/属性】选项，进入如图 2 - 8 所示的录音属性设置对话框，设置"录音"方式。

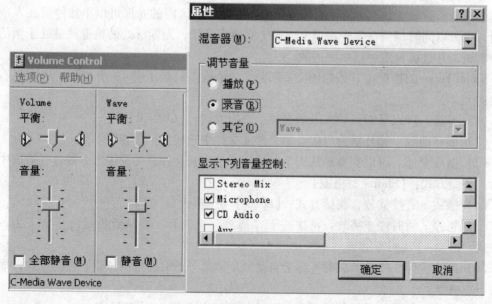

图 2 - 8   录音属性设置对话框

从话筒或 CD 中录音的方法：启动 Sound Forge，新建一个文件，单击工具栏上的录制按钮，弹出如图 2-9 所示对话框，根据需要进行相关设置后点击录音即可。

图 2-9　话筒或 CD 中录音设置对话框

2.2.2.5　音频文件中的选段

鼠标在如图 2-10 所示的波形窗口拖动或按【Shift+左右方向键】，即可选取所需要的波形段。此时这段波形色彩变为原波形的反相色。同时，在波形数据窗口的右下角显示左右端时钟位置、时间长度等相关信息。

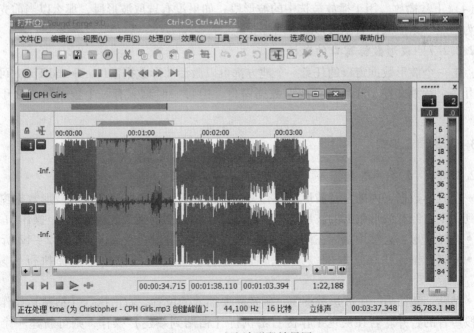

图 2-10　选取波形段效果图

注意：光标在非播放状态时始终会处于闪烁状态；光标的时间位置在任何音频编辑软件里都是异常重要的，这在以后的编辑过程中也会发现自己常常会找不着光标的位置；光标所处的位置，编者可以做标签、设定插入录音的起点、播放起点、判断 0 交叉点（zero cross，波形切割和拼接的关键点）、目测波形振幅等。

在电脑系统音频编辑时，通过目测来对波形状态作出判断，是一个专业人士所必须具备的，因为这是最快捷的方式。虽然已经有很多软件（如 Steinberg 的 ReCycle、Sound Forge 自身提供的功能）或插件可以非常精确地为你分析出你需要的波形位置，但人脑的判断力是最强的，软件只能对一些非常有规律、非常有特征的波形作出准确判断，但大多数波形靠人脑来判断还是不可或缺的。而人脑的判断是建立在经验基础上的，这需要大量经验积累。有经验的可以直接凭借目测和听觉就可以判断出一段波形的基本特征，如主频率、语句衔接或停顿处、噪声状态、动态、频率分配状态等，从而迅速地使用对应的工具去对波形"下手"。因为有些时候你甚至没有时间每进行一个编辑步骤后都把波形听一遍，那么最好的办法是直接通过目测判断编辑切入点。

2.2.2.6 　波形数据窗的播放工具

无论同时打开多少个波形数据窗，每个波形数据窗都会有一套属于自己的播放工具。如图 2 - 11 所示，从左至右，依次为：

（1）转到开始。将光标移回到声音开始地方。快捷方式：【Ctrl + Home】。

图 2 - 11 　播放工具

（2）转到结束。将光标移至声音的终点。快捷方式：【Ctrl + End】。

（3）停止。停止播放，同时光标会自动回到播放开始时所处的位置。快捷方式：播放时按下空格键。

（4）正常播放。用于播放被选中的波形段；如果没有选取波形段，那么以当前光标的位置为起点开始播放，直至波形终点后停止。

2.2.2.7 　波形数据窗口的激活

点击一个波形数据窗口的任意一个地方都可以激活波形数据窗口。Sound Forge 可以同时打开多个音频文件，开启多个波形数据窗口，但每一时刻只有一个数据窗口处于工作状态。

2.2.3 　基本声音编辑

2.2.3.1 　复制声音数据

一个波形数据窗内的声音波形及其有关数据，可以复制到另一个空的波形数据窗内或复制到一个已经有波形数据的波形数据窗内（称声音数据的插入或者合并）。操作如下：

● 选择波形：直接用鼠标在波段上拖动选择需要的波段建立选区，如图 2 - 12 所示。

● 复制：鼠标移在选取的波形上，右击鼠标，在弹出的菜单中选择执行【复制】操作。

● 粘贴：激活另一个波形数据窗，确定需要插入的位置，右击执行【粘贴】操作，完成两段声音的合并。若在灰色工作区右击执行【粘贴到新建】操作，则可新建一个声音文件。

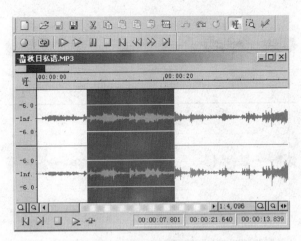

图 2 - 12　选择波形

2.2.3.2　覆写声音数据

有时需要直接用一段声音去覆盖另一段声音，则可操作：

● 选择波形。

● 复制：鼠标移在选取的波形上，右击鼠标，在弹出的菜单中选择执行【复制】操作。

● 覆写：选取需要覆盖的声音波段，右击执行【覆写】操作，完成声音的覆盖操作。

2.2.3.3　移动声音数据

将一段声音数据移动到另一个地方，可执行如下操作：

● 选择波形。

● 剪切：鼠标移在选取的波形上，右击鼠标，在弹出的菜单中选择执行【剪切】操作。

● 粘贴：确定需要移动到的目标位置，右击执行【粘贴】操作，完成声音的移动。

2.2.3.4　删除声音数据

● 选择波形。

● 直接按键盘上的【Delete】键，这时后面的波形会自动补上来。如果想删除掉的区域变成空白，后面的波形保持不动，则执行菜单栏中的【处理】｜【静音】操作。如图 2 -13 所示。

2.2.3.5　保存声音数据

需要保存音频数据时，首先激活要保存的波形数据窗，然后使用【文件】｜【保存】即可。如果使用【另存为……】，Sound Forge 会弹出一个对话框；在对话框内选择好路径、音频格式，键入文件名称，按确定即完成操作。

2.2.3.6　音频状态及格式显示

在每个波形显示编辑窗口的上部，都有一把时钟标尺。在做音频编辑的时候，可能会因为不同的目的，需要不同的时间时钟显示。例如，对于游戏音效设计师来说，采样点数量在后期音效样本优化时显得更重要，而音乐编辑则更需要小节、拍子的概念。如图 2 - 14 所示。

图 2-13　删除选择的音频

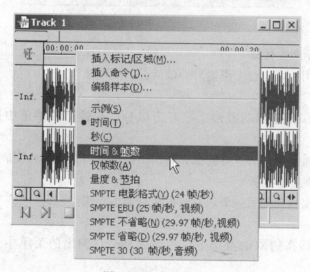

图 2-14　音频状态

2.2.3.7　转换音频格式

A　设置音频格式

当打开一个音频时，在 Sound Forge 的状态栏右下方会显示出当前波形的格式，包括采样率（Sample Rate）、采样深度（Sample Size）、轨道数（单声道/立体声）、时间长度和硬盘剩余空间。在各自的栏内单击鼠标右键，可以选取不同的音频格式参数。如图 2-15 所示。

图 2-15　音频格式参数

B　转换文件格式

采用【文件】|【另存为】选项，可以转换不同的音频格式。一般情况下，音频格式的转换不会影响音质，因为它仅仅是改变音频文件内部编码的结构。

2.2.4　声音效果处理

2.2.4.1　声音的处理

（1）加大音量

选择【处理】|【音量】即可转换声道。

（2）声音的淡入淡出

淡入淡出用于实现音乐缓缓响起或渐渐消去的效果。在 Sound Forge 中实现淡入淡出的操作步骤如下：

- 用鼠标在波段的前部拖曳建立选区，依次单击菜单栏【处理】|【淡出】|【淡入】。
- 用鼠标在波段的后部拖曳建立选区，依次单击菜单栏【处理】|【淡出】|【淡出】，如图 2 - 16 所示。

（3）转换声道

选择【处理】|【声道转换】即可转换声道。

（4）调节音调

选择【效果】|【音调】|【移位】／【弯曲】即可调节音调。

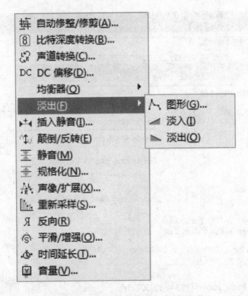

图 2 - 16　声音的淡入淡出

2.2.4.2　使用 Mix 制造混音效果

混音是 Sound Forge 中一项非常重要而常用的操作，它的作用是将两段声音混合成一段音乐。选择【编辑】|【选择性粘贴】即可实现 Mix 制造混音效果。

2.2.4.3　合唱效果与回音效果

选择【效果】|【合唱】即可实现合唱效果。回音效果：选择【效果】|【延迟/回音】即可实现回音效果。

2.2.4.4　混响效果

播放音乐时，由于墙壁和其他物体的反射，会造成声音在衰减过程中的延迟，这种延迟的综合效果就被称之为混响。实现混响效果的操作窗口如图 2 - 17 和图 2 - 18 所示。

图 2 - 17   混响菜单项选择

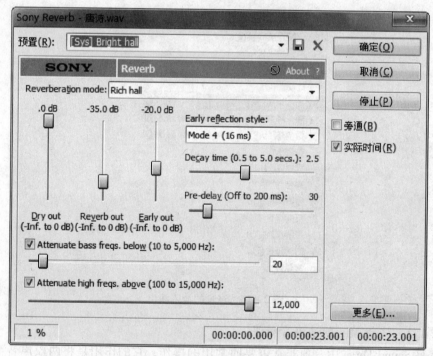

图 2 - 18   混响效果设置对话框

2.2.4.5 去噪声

选择【效果】|【噪声门】即可去噪声。

2.2.4.6 视频文件中的声音处理

Sound Forge 不仅可以对单独的声音文件进行编辑操作，还可以对 avi、mpg、mov、wmv 等格式的视频文件中的声音进行处理，以达到视频部分和音频部分的完美配合。

打开一个 avi 格式的视频文件，出现如图 2 – 19 所示的编辑窗口。窗口的上面为视频部分，下面为音频部分。可以按照编辑单独的声音文件的方法对音频部分进行操作。

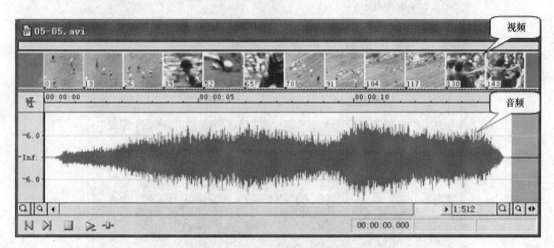

图 2 – 19　视频中的音频

如果要把视频文件中的音频信息保存在一个独立的声音文件中，可以选择【文件】｜【另存为】命令，将"保存类型"选为某种声音格式，如 wav 或 aiff。利用这种方法，可以从视频文件中提取音频信息。

2.3　案例导航

2.3.1　音频合成实例

实例任务：将两个音频素材合成一个，制作歌曲串烧的效果。

实例制作步骤：

（1）启动 Sound Forge 软件之后，打开一个已下载的音频文件"最炫民族风"。通过反复试听，选取歌曲中的经典片段，如图 2 – 20 所示。执行【复制】操作，将其【粘贴到新建】到工作区，建立一个新的声音文件。

（2）打开已下载的"小苹果"声音文件，如同刚才的操作，通过反复试听，选取歌曲中的经典片段，执行【复制】操作，如图 2 – 21 所示。

（3）在刚建的声音文件中，确定好光标位置，比如定位在音频的最后。执行"粘贴"操作。这样，选取的两段音频就连接在一起了。如图 2 – 22 所示。

（4）保存声音文件。执行【文件】｜【保存】命令，将文件命名为"歌曲串烧"。

（5）试听。点击播放按钮。大家在听歌曲时会发现，在两首歌的连接处，声音会不自然，有些唐突。下面简单做个处理。设置淡入淡出效果。

（6）在第一首歌的结束处，选取一小段音频，执行【处理】｜【淡出】命令，执行【淡出】操作。试听几次，直到效果满意为止。然后，在第二首歌的开头处，同样选取一小段音频，执行【处理】｜【淡出】命令，执行【淡入】操作。如图 2 – 23 所示。**注意：**在【淡出】菜单项中有个【图形】命令，可以根据需要设置淡入淡出曲线。

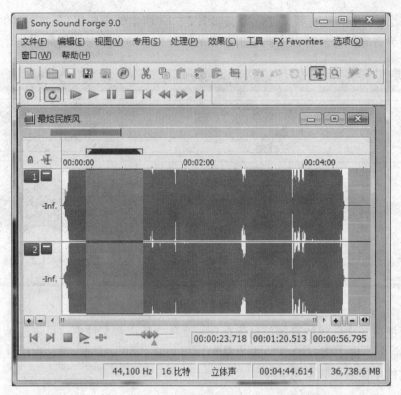

图 2 – 20　片段 1 选取

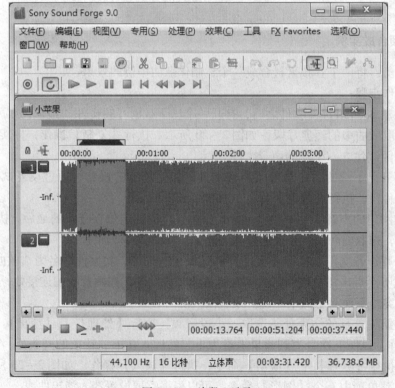

图 2 – 21　片段 2 选取

图 2-22 声音的连接

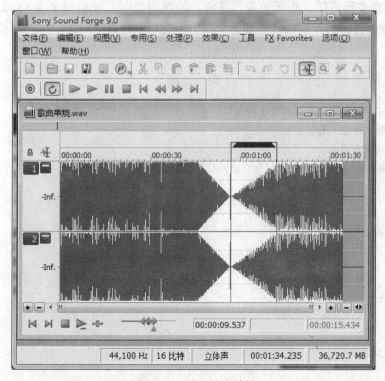

图 2-23 淡入淡出效果

2.3.2　去除噪声和回音制作实例

实例任务：录制一段声音文件，并利用 Sound Forge 去除声音文件的噪声，并制作回音效果。

实例制作步骤：

（1）录制一段声音并保存。

（2）从菜单栏【文件】的【打开】命令里将声音文件打开，先按播放键听听噪声是不是很大。

（3）选择【效果】下的【噪声门】。

（4）在弹出的对话框里，选择【预置】里的【喧闹声门 2】。如果你的 WAV 文件噪声不是很大可以选择【喧闹声门 1】，然后按【确定】。

（5）按播放键听听看，如果发现某一段噪声还是很厉害，则进行下面的步骤。

（6）如果发现这段噪声不和说话声音混在一起，我们可以考虑用静音这个功能。先按下面的放大镜按钮放到 1∶32 的情况下，拖动鼠标选中噪声部分，然后按【处理】下的【静音】。经过以上的处理，噪声基本被消灭。这里教的只是很初级的去噪声处理方法，其实对不同质量的声音，要用不同参数来处理。

（7）将去除噪声之后的文件保存，并继续用该文件来制作回音。

（8）选择菜单栏里的【效果】里【延迟/回音】下的【简易均衡器】。

（9）在弹出的对话框【预置】里选择【Echo Chamber】。如想要更强烈的回音，可以选择【Grand Canyon】，然后按【确定】。

（10）观察波形特征，听听效果。注意：处理回音时，要给原来 WAV 文件后面留一段静音来放置回音，另外可以在尾部做个淡出，使之更逼真。

习　　题

2 – 1　什么是数字音频？简述采样和量化的过程。

2 – 2　常见的音频文件格式有哪些？

2 – 3　音频压缩技术有哪些？

2 – 4　利用 Sound Forge 将一段音乐素材制作出回音和颤音的效果。

3 图形与图像处理

+·

【学习提示】

◆学习目标

➤掌握图形和图像的基本概念

➤了解图形和图像的获取方法

➤掌握 CorelDraw 和 Photoshop 的基本操作方法和图形图像处理技巧

◆核心概念

矢量图；位图；色彩模型；分辨率；颜色深度；图层；通道；路径；滤镜

◆视频教程

CorelDraw 视频教程参考网址：http：//www.51zxw.net/list.aspx？cid＝363

Photoshop 视频教程参考网址：http：//www.51zxw.net/list.aspx？cid＝339

+·

3.1 图形与图像处理基本知识

图形与图像是人类视觉所感受到的一种形象化的信息，其最大特点是直观可见、形象生动。图形与图像处理是一门非常成熟而发展又十分迅速的实用性科学，其应用范围遍及科技、教育、商业和艺术等领域。图像与视频技术关系密切，实际应用中的许多图像来自于视频采集。

3.1.1 图形处理的研究内容

图形处理技术主要用于计算机辅助设计和制造、计算机教育、计算机艺术、计算机模拟、计算机动画和虚拟现实领域。

图形处理的研究内容包括：

（1）图形的几何变换，如平移、旋转、缩放、透视和投影等。

（2）曲线和曲面拟合。

（3）图形的建模或造型。

（4）图形的隐线和隐面消除。

（5）图形的阴暗处理。

（6）图形的纹理产生。

（7）图形的配色。

3.1.2　数字图像处理的研究内容

数字图像处理的研究内容包括：

（1）图像变换

由于图像阵列很大，若直接在空间域中进行处理，涉及的计算量很大。因此，往往采用各种图像变换方法（如傅里叶变换、离散余弦变换等间接处理技术）将空间域的处理转换为变换域的处理，不仅可以减少计算量，而且可获得更有效的处理结果。

（2）图像压缩编码

图像压缩编码是指在满足一定保真度的要求下，对图像数据进行变换、编码和压缩，去除多余数据，减少表示数字图像时需要的数据量，以便于图像的存储和传输。即以较少的数据量有损或无损地表示原来的像素矩阵的技术。图像压缩编码可分为两类：一类压缩是可逆的，即从压缩后的数据可以完全恢复原来的图像，信息没有损失，称为无损压缩编码；另一类压缩是不可逆的，即从压缩后的数据无法完全恢复原来的图像，信息有一定损失，称为有损压缩编码。

（3）图像增强和复原

图像增强和复原技术的目的是为了提高图像的质量。图像增强是为了突出图像中所感兴趣的部分。如强化图像高频分量，可使图像中物体轮廓清晰，细节明显。图像复原是采用某种滤波方法，如去除噪声、干扰和模糊等，恢复或重建原来的图像。

（4）图像分割

图像分割是将图像中有意义的特征部分提取出来。有意义的特征包括图像中物体的边缘、区域等。图像分割是进一步进行图像识别、分析和理解的基础。

（5）图像识别

图像识别属于模式识别的范畴，是指利用计算机对图像进行处理、分析和理解，以识别各种不同模式的目标和对象的技术。

3.1.3　数字图像处理的基本特点

数字图像处理有以下几个特点：

（1）数字图像处理的信息量很大。如陆地卫星遥感图片的水平和垂直分辨率分别为2340和3240，四波段采样精度为7bit的一幅图像的数据量为212Mb，按每天30幅计算，其数据量为6.36Gb，而每年的数据量则高达2300Gb。

（2）数字图像处理占用的频带较宽。与语音信息相比，占用的频带要高几个数量级，如电视图像的带宽约为5.6MHz，而语音带宽仅为4kHz左右。所以其在成像、传输、存储、处理、显示等各个环节的实现上，技术难度大，成本较高。

（3）数字图像中各个像素是不独立的，其相关性较大。就电视画面而言，一般来说相邻两帧之间的相关性比帧内的相关性还要大些。因此，图像处理中信息压缩的潜力很大。

（4）数字图像处理的图像一般是给人观察和评价的，因此受人的因素影响较大。由于人的视觉系统很复杂，受环境条件、视觉性能、人的情绪爱好及知识状况的影响很大，作为图像质量的评价，还有待进一步深入的研究。

3.2 图像的基本概念

3.2.1 色彩的亮度、色调及饱和度

在现实世界中，大自然赋予了万物以绚丽的色彩，给人们以美的感受。颜色是图像至关重要的组成部分，那么色彩是如何表示的呢? 色彩可用亮度、色调和饱和度来描述，人眼所看到的任一色彩都是这 3 个特性的综合效果。

（1）亮度

亮度是指光作用于人眼时所引起的明亮程度的感觉，它与被观察物体的发光强度有关。

（2）色调

色调是当人们看到一种或多种波长的光时所产生的彩色感觉。它反映颜色的种类，是决定颜色的基本特性。某一物体的色调，是指该物体在日光照射下，所反射的光谱成分作用到人眼的综合效果，如红色、蓝色、白色，都是指色调。

（3）饱和度

饱和度是指颜色的纯度或者说是指颜色的深浅程度，即掺入白光的程度。对于同一色调的彩色光，饱和度越深，颜色越鲜明或称颜色越纯。例如，当红色加进白光之后，由于饱和度降低，红色被冲淡成粉红色。饱和度的增减还会影响到颜色的亮度，例如在红色中增加白光成分后，增加了光能，因而变得更亮了。所以在某色调的彩色光中，掺入别的彩色光，会引起色调的变化；而掺入白光时，则仅引起饱和度的变化。

通常把色调、饱和度统称为色度，色度用于表示颜色的类别与深浅的程度。

3.2.2 色彩模型

在进行视频图像处理时，常常会涉及用几种不同色彩模型（颜色模型）来表示图像的颜色。使用色彩模型的目的是尽可能多地、有效地描述各种颜色，以便在需要时能方便地加以选择。各个应用领域一般使用不同的色彩模型，如计算机显示时采用的是 RGB 模型，彩色电视信号传输时采用 YUV 模型，打印输出彩色图像时用 CMY 模型，还有另外一些色彩模型的表示方法。

3.2.2.1 RGB 模型

自然界常见的各种颜色，都可以由红（R）、绿（G）、蓝（B）3 种颜色光按不同比例相配而成。同样，绝大多数颜色光也可以分解成红、绿、蓝 3 种色彩。由于人眼对这 3 种色光最为敏感，RGB 三种颜色相配所得到的彩色范围也最广，所以一般都选这 3 种颜色作为基色。这就是色度学的基本原理——三基色原理。

在多媒体计算机技术中，因为计算机的彩色监视器的输入需要 RGB 3 个彩色分量，通过 3 个分量的不同比例，在显示屏幕上合成所需要的任意颜色，所以不管多媒体系统中采用什么形式的色彩模型表示，最后输入一定要转换成 RGB 模型表示。

RGB 模型产生色彩的方式称为加色法，因为没有光是全黑的，各色光加入后才产生色彩，色彩越加越高，加到极限时成为白色。RGB 模型中，对于任意彩色光 F，其配色方程

可写成：

$$F = r[R] + g[G] + b[B]$$

式中，r、g、b 为三色系数；$r[R]$、$g[G]$、$b[B]$ 为 F 彩色光的三色分量。

现在使用的彩色显示器和电视机都是利用这三基色混合原理来显示彩色图像，而把彩色图片输入到计算机的彩色扫描仪则是利用它的逆过程。扫描是把一幅彩色图片分解成 R、G、B 三种基色，每一种基色的数据代表特定颜色的强度，当这三种基色的数据在计算机中重新混合时，又显示出它原来的颜色。

3.2.2.2　YUV 模型

各种彩色都是由红、绿、蓝 3 种彩色按不同比例组合形成的。但是彩色电视信号在发送时并不是按红、绿、蓝分别发送的，原因有两个：

其一，彩色电视信号必须与黑白电视兼容，也就是说黑白电视应该可以接收彩色信号。

其二，人眼对色度的感觉远不如对灰度敏感，因此反映颜色的色差可以用较窄的带宽发送，这样可以降低发送成本，在有限的频带里发送更多的信号。

在现代彩色电视系统中，通常采用三管彩色摄像机或彩色 CCD（电耦合器件）摄像机。它把摄得的彩色图像信号经分色棱镜分为 RGB 3 个分量的信号，再经过矩阵变换电路将彩色信号分解成亮度信号 Y 和色差信号 U、V。亮度信号 Y 和色差信号 U、V 与 RGB 3 个分量的关系是：

$$\begin{bmatrix} Y \\ U \\ V \end{bmatrix} = \begin{bmatrix} 0.299 & 0.587 & 0.114 \\ -0.169 & -0.332 & 0.5 \\ 0.5 & -0.419 & -0.081 \end{bmatrix} \begin{bmatrix} R \\ G \\ B \end{bmatrix}$$

在发送端，将 YUV3 个信号用同一信道发送出去，但 YUV 信号之间是相互分离的，即可单独对 Y、U、V 3 种信号单独编辑。例如，如果只用亮度信号 Y 而不采用色差信号 U、V，则表示的图像就是没有颜色的灰度图像，人们使用的黑白电视机能够接收彩色电视信号就是这个道理。

3.2.2.3　HSL 模型

在计算机中也使用 HSL（Hue Lightness Saturation）模型。HSL 模型是使用 H、S 和 L 这 3 个参数来生成颜色。H 为颜色的色调，改变它的数值可生成不同的颜色表示；S 为颜色的饱和度，改变它可使颜色变亮或变暗；L 为颜色的亮度参量。

用 HSL 模型描述颜色时更加自然，符合人眼对颜色的感知方式，比较容易为画家所理解，但使用时却不方便，所以显示时要转换成 RGB 模式。在 Windows 的画图软件中，在编辑颜色对话框里显示了采用 HSL 和 RGB 色彩模型与颜色的对应关系。它们之间是一种线性关系，使得颜色的编辑十分直观方便，图 3-1 所展示的就是这两种色彩模型。

3.2.2.4　CMY 模型

计算机屏幕显示彩色图像时采用的是 RGB 模型，而在打印时一般需要转换成 CMY 模型。CMY（Cyan Magenta Yellow）模型是采用青、品红、黄色 3 种基本颜色按一定比例合成颜色的方法。CMY 模型和 RGB 模型不同，因为色彩的产生不是直接来自于光线的色彩，而是由照射在颜料上放射回来的光线所产生的。颜料会吸收一部分光线，而未吸收的光线

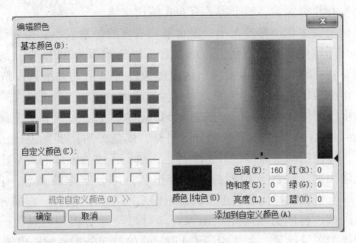

图 3-1 画图软件中的编辑颜色对话框

会反射出来，成为视觉判定颜色的依据。这种色彩的产生方式称为减色法。因为所有的颜料都加入后才能成为纯黑，当颜料减少时才开始出现色彩，颜料全部出去后才成为白色。理论上，利用 CMY 三原色混合可以制作出所需要的各种色彩，但实际上同量的 CMY 混合后并不能产生完全的黑色或灰色。因此，在印刷时必须再加上黑色（K），这样又称为 CMYK 模式。

四色印刷便是依据 CMY 模式发展而来的。以常见的彩色印刷品为例，在印刷的过程中仅仅只用了 4 种颜色。在印刷之前先通过计算机或电子分色机将一件艺术品分解成 4 色，并打印成胶片。通常，一张真彩色图像的分色胶片是 4 张透明的灰度图，单独的看一张单色胶片时不会发现什么特别之处，但如果将这几张分色胶片分别着以 C（青）、M（品红）、Y（黄）和 K（黑）4 种颜色叠印到一起时观察，就产生了一张绚丽多姿的彩色照片。

彩色打印机和彩色印刷都是采用 CMYK 模型实现彩色输出的。从理论上讲，RGB 与 CMY 模型是互补的模型，可以互相转换。但实际上因为发射光与反射光的性质完全不同，显示器上看到的颜色不可能精确地在打印机上复制出来，因此实际在转换过程中会有一定程度的失真，应尽量减少转换的次数。

3.2.2.5 黑白模式与灰度模式

黑白模式采用 1bit 来表示一个像素，只能显示黑色和白色。黑白模式无法表示层次复杂的图像，但可以制作黑白的线条图。灰度模式如果用 8bit 来表示一个像素，即将纯黑和纯白间的层次等分为 256 级，就形成了 256 级灰度模式，可以用来模拟黑白照片的图像效果。

3.2.3 分辨率

分辨率是一个统称，一般有显示器分辨率、图像分辨率、打印分辨率和扫描分辨率等，在处理图像时要理解它们之间的区别。

显示器分辨率是指在某一种显示方式下，计算机屏幕上最大的显示区域，以水平和垂直的像素表示。屏幕上的像素越多，分辨率就越高。例如常用的分辨率是 640×480，它表示每一扫描线上有 640 个像素，整个屏幕有 480 条扫描线。

图像分辨率是指数字化图像的大小，以水平和垂直的像素表示。需要注意的是，不要把显示器分辨率与图像分辨率相混淆。例如，有一幅分辨率为 320×240 的彩色图像，在显示器分辨率为 640×480 的屏幕上显示，这时图像在屏幕上的大小只占整个屏幕的 1/4。如果显示器的分辨率被设置成 800×600，则显示的图像就更小。反之，如果有一幅分辨率为 1024×768 的彩色图像，显示器的分辨率为 640×480，那么在屏幕上只能看到整幅图像的 1/4，需要卷屏才能看到图像的其余部分。另外，图像分辨率实际上决定了图像的显示质量，也就是说，即使提高了显示器分辨率，也无法真正改善图像的质量。

在图像输入输出时，还经常用到扫描分辨率和打印分辨率的概念，它们都使用 dpi（dots per inch，每英寸点数）为衡量单位，但它们之间是有区别的。扫描分辨率是指每英寸图像可转换的线数，打印分辨率是指图像打印时每英寸可识别的点数。例如，一个以 150dpi 分辨率扫描的图像质量，大致相当于 1200dpi 的打印分辨率的输出效果。

3.2.4　颜色深度

位图图像中像素的颜色（或亮度）信息使用若干二进制数据位来表示。数据位的个数称为图像颜色的深度。颜色深度反映了构成图像的颜色总数目。例如，深度为 1bit 的图像只能有两种颜色（一般为黑色和白色），这样的图像被称为单色图像。颜色深度为 4bit，则可显示 $2^4 = 16$ 种颜色；如果颜色深度为 8bit，则可以在屏幕上显示 $2^8 = 256$ 种颜色。颜色深度为 4bit 和 8bit 的图像称为索引彩色图像。它的色彩要由像素的值通过一个所谓的颜色查找表（color lookup table）来决定。使用这种方法显示的颜色不是图像本身真正的颜色，称为伪彩色。

颜色深度为 24bit 的图像称为真彩色图像。真彩色就是每个像素的颜色由 RGB 基色分量的数值直接决定。每个基色分量占一个字节，共有 3 个字节即 24bit。每个像素的颜色由这 3 个字节的数值决定，可生成的颜色数为 $2^{24} = 16777216$，即 1600 万种颜色。

3.2.5　矢量图与位图

客观世界中，静态图像可分为两类。一类是可见的图像，如照片、图纸和人们创作的各种美术作品等。对于这一类图像，只能靠使用扫描仪、数字照相机或摄像机进行数字化输入后，才能由计算机进行间接处理。另一类是用抽象的数学函数或连续的、离散的数据代表的图像。在计算机中可以直接对这一类图像进行创作与处理，所生成的图像文件有两种：一种是矢量图文件，另一种是位图文件。

3.2.5.1　矢量图

矢量图（vector）通常称为图形，图形处理主要是把图案当做矢量来处理。矢量文件中的图形元素称为对象，每个对象都是一个自成一体的实体。它具有如颜色、形状、轮廓、大小和屏幕位置等属性，整个作品基本由各种直线、曲线、面以及填充在这些线、面之间的丰富的色彩构成。既然每个对象都是一个自成一体的实体，就可以在维持它原有清晰度和弯曲度的同时，多次移动和改变它的属性，而不会影响图形中的其他对象。这些特征使基于矢量的程序特别适用于图例和三维建模，因为它们通常要求创建和操作单个对象。

矢量图形精度高、灵活性大，并且用它设计出来的作品可以任意放大、缩小而不变形。它不会像一些位图处理软件那样，在进行高倍放大后图像会不可避免的方块化。用矢量图制作的作品可以在任意的输出设备上输出而不用考虑其分辨率。矢量图在计算机中的存储格式大都不固定，要视各个软件的特点由开发者自定。相对于位图来讲，矢量图占用的存储空间较小。但在屏幕每次显示时，它都需要经过重新计算，故显示速度没有位图快。

矢量图通常是采用专门的绘图软件生成，如 AutoCAD、FreeHand、CorelDraw 以及三维造型软件 3 DStudio 等。它具有细致稳定，偏重于写实的特点。正是由于这些特点，矢量图常常被用来设计图案、商标、标志等一些适合印刷的美术作品。图 3 - 2 是用 CorelDraw 创作的矢量图作品。

图 3 - 2　用 CorelDraw 绘制的矢量图形

在形成矢量图时，涉及的主要内容有几何造型（如二、三维几何模型的构造、曲线和曲面的表示和处理）；图形的生成技术（如线段、圆弧等的生成算法、线与面的消隐、光照模型、浓淡处理、纹理、阴影、灰度和色彩等真实感图形的表示）；图形的操作与处理（如二、三维几何变换、开窗、裁剪；图形信息的存储、检索与变换）；人机交互与多用户接口等。

3.2.5.2　位图

位图（Bitmap）亦称为点阵图像，是由无数个像素组成的。这些点可以进行不同的排列和染色以构成图像。位图图像的信息实际上是由一个数字阵列所组成，阵列中的各项数字用来描述构成图像的各个像素的强度与颜色等信息。位图图像适合表现细致、层次和色彩丰富、包含大量细节的图像。

放大位图时，可以看见赖以构成整个图像的无数单个方块。扩大位图尺寸的效果是增多单个像素，从而使线条和形状显得参差不齐。由于每一个像素都是单独染色的，可以通过以每次一个像素的频率操作选择区域而产生近似相片的逼真效果，诸如加深阴影和加重颜色。缩小位图尺寸也会使原图变形，因为此举是通过减少像素来使整个图像变小的。同样，由于位图图像是以排列的像素集合体形式创建的，所以不能单独操作（如移动）局部位图。在位图处理方式下，影响作品质量的关键因素是颜色的数目和图像的分辨率。例如颜色深度为 24bit 的真彩色图像，在一幅图中可以同时拥有 1600 万种颜色，这么多的颜色数可以较完美地表现出自然界中的实景。一般来说，在计算机上显示的位图文件要比矢量图文件大得多。图像分辨率越高，颜色深度越大，位图文件就越大。

对位图文件可以利用软件提供的各种工具进行创作或处理，但如果要绘制复杂的图像（如人物、风景），不仅难度太大，而且精度也不高。这时可以将一些现成的素材（如照片、图片）直接进行扫描，或者用视频采集设备截取摄像机、录像机、电视以及 VCD 中的画面，然后输入到计算机中，用图像处理软件进行处理。

图 3-3 是用数码相机拍摄的、可以在计算机中直接进行显示与处理的数字照片，其存储格式为位图文件格式。

图 3-3　数码相机拍摄的数字照片

3.2.5.3　矢量图和位图的区别

矢量图在进行缩放、旋转等操作后不会产生失真，适合于表现变化的曲线、简单的图案和运算的结果等。

位图在进行缩放、旋转等操作后可能出现失真现象。通常，位图放大后可能会出现严重的锯齿状，缩小后会丢失部分像素点。但是，相对于矢量图形，位图的表现力强，层次和色彩丰富，适合于表现自然的、细节的景物。在多媒体应用软件中，用得较多的是位图图像。

位图与矢量图形之间可以互相转换。利用真实感图形绘制技术可以将矢量图形数据变成位图图像，利用模式识别技术可以从位图图像数据中提取几何数据，把位图图像转换成矢量图形。

3.2.6　图像文件格式

图像在存储媒体中存储的格式称为图像文件格式。图像文件的存储格式有多种，如 BMP、PCX、TIFF、TGA、GIF、JPEG 等。

（1）BMP。BMP 文件是一种与设备无关的图像文件，它是 Windows 系统软件推荐使用的一种格式。例如 BMP 文件常用于 Windows 系统的图标和背景。BMP 是一种典型的位映射存储形式，支持 24 位全彩色模式。为了处理方便，BMP 文件都不压缩。

（2）PCX。PCX 是为 Zsoft 公司研制开发的图像处理软件 PC Paintbrush 设计的文件格式。PCX 图像文件格式与特定图形显示硬件有关。PCX 文件在存储时都要经过 RLE 压缩，读写时需要经过 RLE 编码和解码两个处理过程。

（3）TIFF。TIFF 称为标记图像文件格式。它是 Alaus 和 Microsoft 公司为扫描仪和桌面出版系统研制开发的较为通用的图像文件格式。TIFF 是把各类图像数据存储在 tag 标识字段内，每一个 tag 字段内存储点阵信息或用指针指向另一个字段。TIFF 文件格式具有极大的灵活性，可以存几百个不同标识类的字段，并根据需要加入更多的字段，具有可扩展性。TIFF 不依赖于操作环境，具有可移植性。它不仅能作为图像信息交换的有效媒介，更可作为图像编辑程序的基本内部数据格式，具有多用性。TIFF 支持多种压缩方法、特殊的图像控制函数以及许多其他特性。

（4）TGA。TGA 是 Truevision 公司为其 Targa 显示卡而专门设计的图像文件格式。由于 Targa 卡在 PC 机上得到了广泛的应用，因此 TGA 图像文件格式的应用也较为普及。TGA 适用于表现色彩复杂并极富变化的图像，例如相片、3D 图形等。由于这些图像每一像素的颜色的颜色值变化很大，其重复性低，因此并不强调压缩的运用。

（5）GIF。GIF 是由 CompuServe 公司为了制定彩色图像传输协议而开发的图像格式文件。它具有支持 64000 像素的图像，256 到 16M 颜色的调色板，单个文件的多重图像，按行扫描迅速解码，有效的压缩以及与硬件无关等特性。

GIF 文件在存储时都经 LZW 压缩，可以将文件的大小压缩至一半。GIF 可用于压缩复杂并极富变化的图像，因此适合于需要高效率的图像处理。目前，在因特网上 GIF 格式已成为主页图片的标准格式。

（6）JPEG。JPEG 是按图像专家联合组制订的压缩标准 DCT 来压缩存储的图像文件格式。JPEG 使用一种有损压缩算法。无损压缩算法能在解压后准确再现压缩前的图像，而有损压缩则牺牲了一部分的图像数据来达到较高的压缩率。但是，这种损失通常很小，人眼很难察觉。

3.3　图像的采集

（1）图像扫描

扫描仪是获取数字图像的重要设备之一。使用扫描仪，可以将图片或实物扫描成图像文件。扫描仪的扫描分辨率的高低取决于扫描仪的光学分辨率。采用光学分辨率为 600 × 1200dpi、色深 36bit 的扫描仪比采用 300 × 600dpi、色深 24bit 的扫描仪获得相同照片的影像更清晰。

扫描仪在使用过程中涉及一个扫描分辨率的选项设置。该扫描分辨率称为"插值分辨率"，是指扫描仪内建的通过插值补偿技术所提供的数学分辨率，它通常远高于光线分辨率。但是它对提高影像质量作用不大，却几倍甚至几十倍地增大了影像文件的大小，降低了扫描的速度。因此，若不是用于高质量的打印输出，选择过高的插值分辨率毫无意义。

（2）数码拍摄

数码相机拍摄的照片直接以文件的方式保存在其存储器中。一般可用专门的读卡器或数据线与计算机连接，然后把所拍摄的照片传输到计算机中，以备后期处理和使用。数码相机所拍摄照片的分辨率取决于其感光器件上感光点的个数。感光点的个数越多，分辨率越高。

利用数码拍摄技术获取图像的方法简单、快捷，适用范围较广。

（3）使用相关软件绘制

直接使用图像处理软件在计算机上绘制图像，不需要采集过程，直接生成数字图像，并可以保存为任何所需格式。目前常用的绘图软件有：Painter、FreeHand、CorelDraw 等。

（4）其他图像采集方法

获取图像的方式是多种多样的，除了上述方法之外，还有其他的一些方法。

1）利用已有数字化图形、图像素材

目前市场上有许多公司提供数字化图形、图像素材库，用户可以根据需要购买相应的素材库，再利用图像编辑软件进行适当的处理，就可以应用于多媒体制作中了。在不侵犯版权的情况下，还可以从 Internet 上搜索和下载各种图像素材。

2）屏幕截取

在 Windows 操作系统中，按下【Print Screen】键，可以将当前屏幕上显示的内容以图像的形式截取下来。截下的图像存储在操作系统的剪贴板中，可以将图像粘贴到任何图像编辑软件中进行处理，然后保存成所需的格式。如果要截取一个活动窗口的内容，只需按下【Alt + Print Screen】键。

3.4　矢量绘图软件 CorelDraw

CorelDraw 是一个基于矢量图的绘图与排版的软件，广泛应用于商标设计、标志制作、模型绘制、插图描画、排版及分色输出等诸多领域。

3.4.1　CorelDraw 的启动和工作界面

启动 CorelDraw 后，会弹出如图 3 - 4 所示的"欢迎访问 CorelDraw（R）12"窗口。各按钮的作用如下：

按钮：可以用当前软件默认的模板来新建一个图形文件。

按钮：第一次使用 CorelDraw 时该按钮显示为灰色不可用，当用户编辑过文件后下次启动时将显示这些文件名，单击便可快速地打开编辑过的文件。

按钮：可以打开一个电脑中已存储好的 CorelDraw 图形文件。

按钮：可以在打开的"根据模板新建"对话框中选择一个模板样式，以方便用户在该模板基础上进行设计。

🍎 按钮：可以打开 CorelDraw 教程窗口，从中可以学习 CorelDraw 的使用方法。

✳ 按钮：可以打开"新增功能"对话框，查看 CorelDraw 的新增功能。

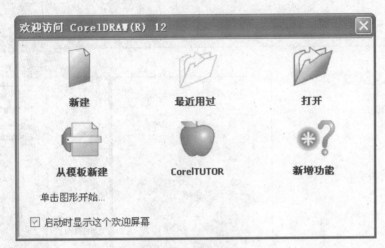

图 3 - 4   CorelDraw 的启动窗口

CorelDraw 的工作界面如图 3 - 5 所示，主要由标题栏、菜单栏、标准工具栏、属性栏、工具箱、标尺、调色板、状态栏、滚动条、泊坞窗、页面控制栏和绘图页面等部分组成。

● 标题栏：用于显示 CorelDraw 程序的名称和当前打开文件的名称以及所在路径，单击标题栏右端的 3 个按钮可以分别对 CorelDraw 窗口进行最小化、最大化/还原和关闭操作。

● 菜单栏：包含了 CorelDraw 的所有操作命令，如"文件"、"编辑"、"视图"、"版面"、"排列"、"效果"、"位图"、"文本"、"工具"、"窗口"和"帮助"等菜单项。熟练地使用菜单栏是掌握 CorelDraw 的最基本要求，用户可以通过选择菜单栏中的相应命令来执行相关的操作。

● 标准工具栏：提供了用户经常使用的一些操作按钮，当用户将鼠标光标移动到按钮上，系统将自动显示该按钮相关的注释文字，如"新建"、"打开"、"保存"、"打印"、"撤销"和"重做"等。用户只需直接单击相应的按钮即可执行相关的操作。

● 属性栏：用于显示所编辑图形的属性信息和可编辑图形的按钮选项，而且属性栏的内容会根据所选的对象或当前选择工具的不同而不同。用户可以通过单击其中的按钮对图形进行修改编辑。

● 工具箱：用于放置 CorelDraw 中的各种绘图或编辑工具，其中的每一个按钮表示一种工具。将鼠标光标移动到工具按钮上稍微停留，将会显示该工具的名称，从而方便用户认识各个工具。单击其中一个工具按钮，即可进行相应工具的操作。

● 调色板：在默认状态下位于工作界面的右侧，用于对选定图形的内部或轮廓进行颜色填充。在调色板中的一种颜色块上按住鼠标左键，将打开一列由该颜色延伸的其他颜色选择框。用户可以从中选择所需的颜色。使用调色板填充图形的方法是：先选择图

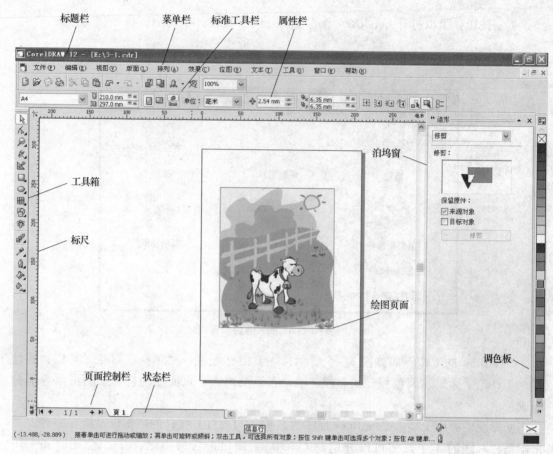

图 3 - 5 CorelDraw 的工作界面

形对象，再用鼠标左键单击调色板中所需的颜色块，即可为图形填充上相应的颜色。如果要将选中图形的轮廓颜色填充为其他颜色，则使用鼠标右键单击调色板中所需的颜色即可。

●标尺：当用户需要将图形放置在精确的位置或缩放成固定的大小时，就会用到标尺。标尺是精确制作图形的一个非常重要的辅助工具，它由水平标尺和垂直标尺组成。

●绘图页面：工作窗口中带有矩形边缘的区域。只有此区域内的图形才能被打印出来，所以用户如果要打印所制作的作品，要将其移到该区域内，根据需要可以在属性栏中设置绘图页面的大小和方向。

●泊坞窗：提供了许多常用的功能，在默认状态下其停靠在屏幕的右边。在泊坞窗中进行操作的同时，用户可以在页面中预览到效果，单击其下方相应的执行按钮可以执行操作，极大地方便了用户进行制作。当用户打开多个泊坞窗后，除了当前泊坞窗外，其他泊坞窗将以标签的形式显示在其右边缘，单击相应的标签可切换到其他的泊坞窗。另外，单击泊坞窗左上角的 ▶▶ 按钮可以将泊坞窗卷起，再单击 ◀◀ 按钮可将其展开，单击右上角的 ✖ 按钮可以关闭该泊坞窗。

●页面控制栏：一个文件可以存在多个页面。用户可以通过页面控制栏添加新页面，也可将不需要的页面删除，并可通过页面控制栏查看每个页面的内容。

•状态栏：用于显示当前操作或操作提示信息，它会随操作的变化而变化，左边括号内的数据表示鼠标光标所在位置的坐标。

3.4.2 CorelDraw 的基本操作

3.4.2.1 CorelDraw 的文档操作

•新建图形文件：在菜单栏中选择【文件】｜【新建】命令，或按下 Ctrl + N 快捷键，或单击工具栏中的【新建】按钮即可新建图形文件。也可以在菜单栏中选择【文件】｜【从模板新建】命令，打开【根据模板新建】对话框。模板是一组控制绘图的版面与外观的样式和页面布局设置。

•打开图形文件：在菜单栏中选择【文件】｜【打开】命令，或按下【Ctrl + O】键，或单击工具栏中的【打开】按钮。

•保存图形文件：在菜单栏中选择【文件】｜【保存】命令，或按下【Ctrl + S】键，或单击工具栏中的【保存】按钮。默认情况下，程序会保存成 . cdr 格式。

3.4.2.2 工作环境设置

•版面设置：在菜单栏中选择【版面】｜【页设置】命令，在打开的如图 3 - 6 所示对话框中对页面进行设置。

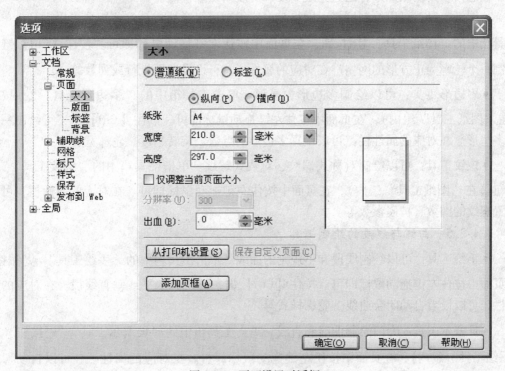

图 3 - 6　页面设置对话框

•页面管理：在菜单栏中选择【版面】｜【插入页】命令，可插入页。在菜单栏中选择【版面】｜【重命名页面】命令，可重命名页面。在菜单栏中选择【版面】｜【删除页面】命令，可删除页面。

3.4.2.3　辅助工具

●网格：网格是页面中一系列交叉的虚线，可用于精确地对齐和定位对象，使用"视图－网格"命令，可以控制网格的隐藏与显示。

●标尺：利用标尺，可准确的绘制、缩放和对齐图形对象，使用"视图－标尺"命令，可以控制标尺的隐藏与显示。

●辅助线：与标尺密切相关，在标尺上按住左键并移动鼠标，可以页面中创建辅助线。

3.4.2.4　图形绘制工具

●矩形工具：可以绘制长方形、正方形和圆角矩形。单击工具箱中的"矩形工具"按钮，在页面中按住左键拖动鼠标即可。按住【Ctrl】键可绘制一个正方形。在对应的属性栏，可以设置边角圆滑度、大小、旋转角度、轮廓宽度、镜像、转换为曲线等。其中，3点矩形工具可通过先确定矩形的一条边的位置，再确定矩形的其他3边的位置进行绘制。

●椭圆工具：可以绘制椭圆、正圆、弧形、饼形。单击工具箱中的"椭圆工具"按钮，在页面中按住左键拖动鼠标即可。按住【Ctrl】键可绘制一个正圆。在对应的属性栏，可以设置起始和结束角度、大小、轮廓宽度、旋转角度等。其中，3点椭圆工具可以绘制任意角度的椭圆图形，通过指定高度和宽度来绘制椭圆。

●图纸工具：可以绘制网格。网格是由一组矩形组合而成，这些矩形可以拆分。单击工具箱中的"图纸工具"按钮，在页面中按住左键拖动鼠标即可。按住【Ctrl】键可绘制一个轮廓为正方形的网格。在对应的属性栏，可以设置图纸行或列数等。

●多边形工具：可以绘制多边形、星形。单击工具箱中的"多边形工具"按钮（在"图纸工具"组内），在页面中按住左键拖动鼠标即可。按住【Ctrl】键，可绘制一个正多边形。在对应的属性栏，可以设置多边形的点数、旋转角度、轮廓宽度等。

●螺纹工具：可以绘制对称式螺纹、对数式螺纹。单击工具箱中的"螺纹工具"按钮（在"图纸工具"组内），在页面中按住左键拖动鼠标即可。在对应的属性栏，可以设置螺纹的圈数、扩展参数等。

3.4.2.5　曲线与线段的绘制工具

●手绘工具：可以绘制线段和不规则的曲线。单击工具箱中的"手绘工具"按钮，在页面中按住左键拖动鼠标即可。按住【Ctrl】键，可绘制水平或垂直线段。在对应的属性栏，可以设置自动闭合曲线、轮廓样式等。

●贝塞尔工具：专门绘制曲线和直线。单击工具箱中的"贝塞尔工具"按钮（在"手绘工具"组内），在页面中按住左键拖动鼠标即可。在对应的属性栏，可以自动切换为"形状工具"等。

●折线工具：可以绘制线段和不规则的曲线。单击工具箱中的"折线工具"按钮（在"手绘工具"组内），在页面中点击左键后，拖动鼠标移动到目标点后，再点击左键，直到折线完成。对应的属性栏与"手绘工具"类似。

● 艺术笔工具：可以绘制具有书法风格的曲线轮廓，类似 PS 中的画笔工具，还具有模拟压力的功能。单击工具箱中的"艺术笔工具" 🖊 按钮（在"手绘工具"组内），在页面中按住左键拖动鼠标即可。在对应的属性栏，可以设置笔刷、书法、艺术笔宽度、预设笔触、压力等。

● 形状工具：专门用于调整曲线。通过调节曲线上的节点，改变曲线的形状。图形必须转换为曲线，类似 PS 中转换路径的操作。将使用"矩形、椭圆"等工具绘制的图形，使用"排列－转换为曲线"命令或属性栏的"转换为曲线" ⬡ 按钮或【Ctrl + Q】，转换成曲线，单击工具箱中的"形状工具" 🖊 按钮，拖动节点改变形状。在对应的属性栏，可以设置转换为直线、分割曲线、添加删除节点、使节点尖突平滑等。

● 刻刀工具：可以将一个对象拆分为两个对象，并且路径自动闭合。使用该工具时，图形将自动转换为曲线。单击工具箱中的"刻刀工具" 📐 按钮（在"形状工具"组内），在页面中按住左键拖动鼠标即可。在对应的属性栏，可以设置成为一个对象、剪切时自动闭合等。

● 橡皮擦工具：可以擦除图形的部分区域。单击工具箱中的"橡皮擦工具" 🖊 按钮（在"形状工具"组内），在页面中按住左键拖动鼠标即可。在对应的属性栏，可以设置橡皮擦厚度、橡皮擦模式等。

● 涂抹笔刷：使曲线产生向内凹或者向外凸起的变形，只对曲线对象进行操作。先将图形转换为曲线，单击工具箱中的"涂抹笔刷" 🖊 按钮（在"形状工具"组内），在页面中按住左键拖动鼠标即可。在对应的属性栏，可以设置笔压、笔尖大小、水分浓度等。

● 粗糙笔刷：可以使曲线产生锯齿或尖突的效果。先将图形转换为曲线，单击工具箱中的"粗糙笔刷" 🖊 按钮（在"形状工具"组内），在页面中按住左键拖动鼠标即可。在对应的属性栏，可以设置笔压、笔尖大小、尖突方向等。

3.4.2.6 图形的轮廓与填充工具

A 图形的轮廓

CorelDraw 中，轮廓是指线条图形，可以是封闭的，也可以是开放的。图形轮廓的处理主要是通过点击"轮廓工具" 🖊 ，打开"轮廓展开"工具栏来实现。

● 轮廓画笔：可以设置轮廓的颜色、宽度、样式等。点击"轮廓画笔" 🖊 按钮，打开"轮廓笔"对话框，对其参数进行设置即可。

● 轮廓颜色：可以通过"模型、混合器、调色板"等方式进行颜色设置。点击"轮廓颜色" 🖊 按钮，打开"轮廓色"对话框，对其参数进行设置。

● 无轮廓和轮廓预设：点击"无轮廓" ✕ 按钮和其他轮廓预设值可以改变轮廓宽度。

B 图形的填充

CorelDraw 中，图形填充的处理主要是通过点击"填充工具" 🖊 ，打开"填充展开"

工具栏来实现的。

●均匀填充：指对图形填充单一的颜色。点击"均匀填充"　■　按钮，打开"均匀填充"对话框，对其参数进行设置即可。

●渐变填充：指为图形填充两种或多种颜色的平滑渐变。点击"渐变填充"　■　按钮，打开"渐变填充"对话框，对其参数进行设置即可。

●图样填充：指利用 CorelDraw 预设的图样进行填充，特点是易于平铺。点击"图样填充"　■　按钮，打开"图样填充"对话框，对其参数进行设置即可。

●底纹填充：指利用 CorelDraw 预设的模仿自然界事物的纹理进行填充，特点是随机生成。点击"底纹填充"　■　按钮，打开"底纹填充"对话框，对其参数进行设置即可。

●PostScript 填充：指利用 PostScript 语言设计的一种特殊的填充方式，从 PostScript 底纹的空白处可以看见它下面的图形。点击"PostScript 填充"　■　按钮，打开"PostScript 填充"对话框，对其参数进行设置即可。

C　交互式填充

CorelDraw 中，交互式填充是指可以近交互的方式进行填充操作。

●交互式填充：先选中图形，点击工具箱中的"交互式填充"工具　■　按钮，在属性栏中选择填充样式即可。

●编辑填充：属性栏中单击"编辑填充"　■　按钮，可以打开"图样填充"对话框，对填充样式进行编辑。

●复制填充属性：单击"复制填充属性"　■　按钮，可以在同一文档中为多个图形应用同一种填充样式。方法是：先选中待填充图形，单击"复制填充属性"按钮，再单击已经填充的图形。

3.4.2.7　图形的编辑工具

A　图形的基本编辑

●选择图形：使用工具箱的"挑选工具"　■　。选择多个图形，可使用拖动鼠标框选的方式，按住【Shift】键可取消其中多选的图形。要选择群组中的一个图形，按住【Ctrl】键即可。

●再制图形：再制和复制的区别在于：再制的图形其副本直接放置到绘图窗口中，复制的图形则放置在剪贴板中。选中图形，使用"编辑－再制"命令，或使用快捷键【Ctrl + D】。

B　图形的变换

●利用挑选工具变换图形："挑选工具"可以对图形进行移动、缩放、旋转、倾斜等操作。单击选中图形后，在图形的周围将出现旋转/倾斜控制点。鼠标移动到某一控制点上，按住左键拖动即可对图形进行变换效果。

●利用泊坞窗变换图形：泊坞窗可以对图形进行细微的调整。使用"窗口－泊坞窗－

变换"下的各个子命令，打开相应的对话框，通过调整参数对图形进行变换。

C　对象的管理

● 群组对象：群组对象是为了实现图形的整体移动、删除、编辑、复制等操作。选中对象，使用"排列 – 群组"命令，或快捷键【Ctrl + G】。

● 取消群组：使用"排列 – 取消群组"命令，或快捷键【Ctrl + U】，点击属性栏上的"取消群组"按钮。

● 结合对象：将多个不同的图形结合成单一的个体，同时保留原有各图形的轮廓。使用"排列 – 结合"命令，或快捷键【Ctrl + L】。取消结合，使用"排列 – 拆分"命令，或快捷键【Ctrl + K】，或属性栏上的"拆分"按钮。

● 调整对象的顺序：选中图形后，使用"排列 – 顺序"命令下的不同子命令即可。

● 锁定对象：为了避免图形被误操作，选中图形后，使用"排列 – 锁定对象"命令即可锁定图形。

● 对齐和分布对象：使用"排列 – 对齐和分布"命令下的各个子命令，可对选中图形进行对齐和分布设置。还可以使用"排列 – 对齐与分布 – 对齐与分布"命令，在打开的对话框中对参数进行设置。

D　造形

造形处理主要是通过"造形"泊坞窗来进行的，包括焊接、修剪、相交、简化、前减后、后减前等操作。使用"窗口 – 泊坞窗 – 造形"命令或"排列 – 造形"命令打开对话框，即可进行造形设置。

3.4.2.8　文本的操作与处理工具

A　创建文本

使用工具箱中的"文本工具"按钮，通过属性栏设置字体和字号等，直接输入。输入段落，只需在页面中拖动鼠标，设置一个文本框。导入文本只能导入纯文本文件（扩展名为 .txt）。使用"文件 – 导入"【Ctrl + I】命令，单击"导入"按钮后，在弹出的"导入/粘贴文本"对话框中设置。

B　编辑文本

● 选择文本：使用"文本工具"可以选择文本的一部分，也可选择全部文本；使用"挑选工具"可选中整个文本块。

● 移动文本：使用"文本工具"用鼠标对准文本中心的✖标志拖动；使用"挑选工具"直接在文本中拖动即可。

● 设置文本的属性：设置文字更多的属性，使用"文本 – 文本格式"【Ctrl + T】命令，在打开的"格式化文本"对话框中进行。

● 设置文本的颜色：最常用的就是使用调色板。但设置美术字时，因为其具有矢量图形的性质，所以还可以设置轮廓线条，方法同图形一样。

3.4.2.9　交互式效果创建工具

● 交互式调和工具：交互式调和指可以在两个对象之间创建形状与颜色的渐变效果，调和方式包括：直线调和、沿路径调和、复合调和。单击工具箱中的"交互式调和工具"

按钮，在已绘制好的两个图形上拖动。

在属性栏，可以设置调和的样式、方向、步数、路径等。

● 交互式轮廓图工具：可以描绘图形对象的轮廓线，从而创建一系列渐进到对象内部或外部的同心线。分类有中心轮廓、外围轮廓和中间轮廓。单击工具箱中的"交互式轮廓图工具" 按钮，在选中的形状上拖动即可。在属性栏，可以设置轮廓图的样式、颜色、偏移量、步数等。

● 交互式变形工具：可以对图形进行变形操作。分类：推拉、拉链、扭曲。单击工具箱中的"交互式变形工具" 按钮，在选中的形状上拖动即可。在属性栏，可以设置图形的推拉、拉链、扭曲、失真幅度等。

● 交互式阴影工具：可以为图形对象添加阴影，并可以更改透视并调整属性，如颜色、不透明度、淡出、角度和羽化等。单击工具箱中的"交互式阴影工具" 按钮，在选中的形状上拖动即可。在属性栏，可以设置阴影的羽化值、方向和大小、阴影颜色和不透明度等。

● 交互式封套工具：封套由节点相连的线段组成，一旦在对象周围设置了填充，可以通过移动这些节点来为封套造形。可以被应用封套的对象：线条、美术字和段落文本框。单击工具箱中的"交互式封套工具" 按钮，在选中的形状上拖动即可。在属性栏，可以设置封套的模式、节点的添加删除变形、映射效果等。

● 交互式立体化工具：可以在对象上创建矢量立体模型。并为立体效果添加轮廓和颜色，并编辑照明效果。单击工具箱中的"交互式立体化工具" 按钮，在选中的形状上拖动即可。在属性栏，可以设置立体化的类型、深度、方向、颜色、照明效果等。

● 交互式透明工具：可以将透明度应用于对象，从而显示透明度后面的对象。应用于对象上时，只能看见透明度下方的部分对象，也可以选择透明度对象的颜色与其下方对象的颜色合并。选中的已填充好的对象，单击工具箱中的"交互式透明工具" 按钮即可。在属性栏，可以设置透明度的类型、模式、目标、效果等。

3.5　图像处理软件 Photoshop

在图像设计和处理领域中，Photoshop 是一款非常优秀的精品软件。它具有卓越的图像处理能力，制作出来的图像自然逼真。

3.5.1　Photoshop 的工作界面

Photoshop 安装好之后，双击桌面的程序图标即可启动程序进入如图 3-7 所示 Photoshop 的工作界面。

● 菜单栏：常用的菜单有文件、编辑、图像、图层、选择、滤镜、分析、视图、窗

图 3-7　Photoshop 的工作界面

口、帮助等，这些菜单包含了 Photoshop 的大部分操作命令。

● 工具选项栏：是 Photoshop 的重要组成部分，在使用工具时，可以在工具选项栏中对其参数进行设置。选择不同的工具时，工具选项栏中的参数也随之发生变化。

● 工具箱：包含处理图像的工具，这些工具主要用于选择图像、编辑图像、绘制图像、控制图像等操作。

● 控制面板：用来监视和编辑、修改图像，位于窗口的右侧。控制面板可以自由拆分或组合。

3.5.2　Photoshop 的基本操作

了解了 Photoshop 的工作界面后，下面介绍 Photoshop 的基本操作。

3.5.2.1　图像的创建和保存

A　创建新图像

启动 Photoshop 后，选择【文件】|【新建】，弹出如图 3-8 所示【新建】对话框。

在【名称】文本框中输入需要新建的文件名，如果不输入，则采用默认的文件名"未标题-1"。在【预设】栏，可以选择图像参数，也可以自定义图像参数，如【宽度】、【高度】、【分辨率】、【颜色模式】、【背景内容】等。设置完成后，单击【确定】按钮即可创建一幅新图像。

B　保存图像

当完成一幅新图像的编辑后，需要保存图像。选择【文件】|【存储（s）】，或者按下【Ctrl+S】组合键，打开如图 3-9 所示【存储为】对话框。

从【保存在】下拉菜单中选择文件需要存放的位置，在【文件名】栏中输入相应的文件名，然后单击【保存】按钮。

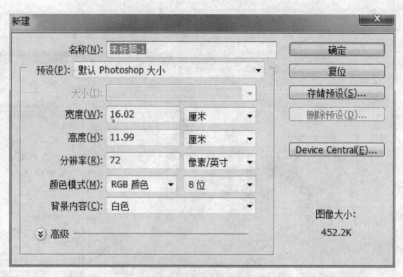

图 3 - 8　新建对话框

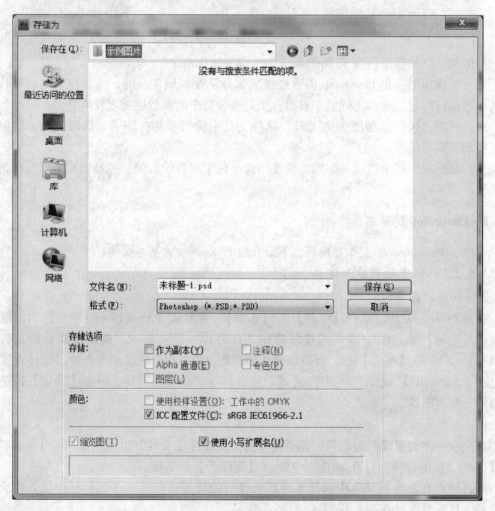

图 3 - 9　存储为对话框

3.5.2.2 图层的使用

图层是 Photoshop 中实现绘制和处理图像的基础，通过图层可以完成许多图像处理操作。Photoshop 中的图像可以由多个图层和多种图层组成，在设计过程中可以利用图像图层放置不同的图像元素，通过调节图层对图像的全部或局部进行色彩调节，通过填充图层实现不同的填充效果。

A 图层面板

不同的图像包含不同数量和种类的图层，TIF 和 PSD 格式的图像文件可以存储多个图层，其他格式的图像文件则不能存储图层信息，因此在 Photoshop 中打开除 TIF 和 PSD 格式之外的图像文件时，只会显示一个背景层。通过图层面板可以显示和编辑当前图像窗口中的所有图层。图 3 – 10 是打开一个包含多个图层的图像文件后界面。每个图层的左侧都有一个缩略图，背景层位于最下方，上面依次是各透明图层，通过图层的叠加形成完整的图像。

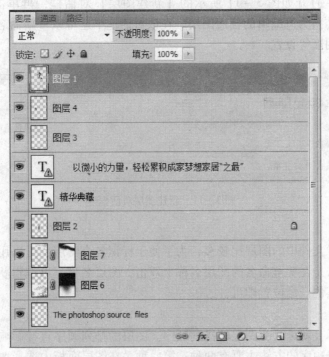

图 3 – 10　图层面板

图层面板中各部分的作用分别如下：
- 图层混合模式：用于设置当前图层与下一图层叠加在一起的混合效果。
- 眼睛图层：用于显示或隐藏图层。
- 添加图层蒙版：用于为当前图层添加图层蒙版。
- 添加图层样式：用于为当前图层添加图层样式效果，单击该按钮，将弹出一个下拉菜单从中可以选择相应的命令为图层增加特殊效果。
- 链接图层：为多个图层创建链接关系。
- 面板菜单：单击该按钮，将弹出一个下拉菜单，主要用于新建、删除、链接及合并图层等功能。

- 图层不透明度：用于设置当前图层的不透明度。
- 图层填充不透明度：用于设置当前图层内部图像的填充不透明度。
- 创建调整图层：单击该按钮，在弹出的下拉菜单中可以选择所需的调整命令，用于创建调整图层。
- 创建新组：单击该按钮，可以创建新的图层组，它可以包含多个图层，并可将这些图层作为一个对象进行查看、复制、移动、调整顺序等操作。
- 创建新图层：单击该按钮，可以在当前图层上方创建一个新的图层。
- 删除图层：单击该按钮，可以删除当前图层。
- 将背景图层转换为普通图层。

在打开 JPG、GIF、BMP 等格式的图像文件时，在图层面板中都只有一个背景图层，由于无法对背景图层进行移动、变换等编辑操作，需要将其转换为普通图层。在图层面板中双击背景图层，打开如图 3 - 11 所示的【新建图层】对话框，再单击【确定】按钮，即可将背景图层转换为可编辑的普通图层。在该对话框中还可以重新命名图层，或进行颜色、模式、不透明度等设置。

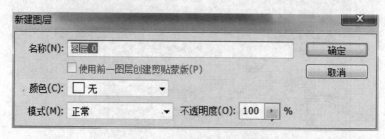

图 3 - 11　新建图层对话框

B　重命名图层

如果一个图像文件中的图层比较多，为了便于标识各个图层，可以用易记忆的名字为图层命名。其方法是在要重命名的图层名称上双击，图层名称呈可编辑状态，输入所需要的名称后，单击其他任意位置即可。

C　移动图层

移动图层实际上就是改变图层的排列顺序。图层的排列顺序直接影响到一幅图像的最终效果。改变图层顺序的方法主要有两种：第一种是在图层面板中选择要改变排列顺序的图层，使其成为当前层，然后选择【图层】|【排列】命令，在弹出的子菜单中选择所需的命令；第二种是在图层面板中选择要改变排列顺序的图层，使其成为当前层，然后按住鼠标左键不放，向上或向下拖动到所需要的位置处释放即可。

D　复制图层

在处理图像时经常需要通过复制图层来得到一个与原图层内容相同的图层，先在图层面板中选择要复制的图层，然后选择【图层】|【复制图层】命令，或者单击鼠标右键，在弹出的菜单中选择【复制图层】命令。

E　链接图层

按住【Ctrl】键，然后单击需要链接的图层即可选中这些图层，再单击图层面板底部的【链接图层】按钮；或在选中的图层上按鼠标右键，在弹出的菜单中选择【链接图层】命令。

F 合并图层

通过合并图层可以将几个图层合并成一个图层，这样可以减小文件大小或方便对合并后的图层进行编辑。在图层面板中选择多个图层后，在【图层】菜单或右键弹出菜单中选择【合并图层】、【合并可见图层】、【拼合图层】等命令。

G 删除图层

对于不需要的图层，可以将其删除。删除图层后，该图层中的图像也将被删除。在图层面板中选择要删除的图层，然后单击图层面板底部的【删除图层】按钮；或按住鼠标左键，将要删除的图层拖动到【删除图层】图标上。

3.5.2.3 通道的使用

通道用于存放颜色信息，是独立的颜色平面。每一幅 Photoshop 图像都具有一个或多个通道，用户不但可以对每个原色进行编辑，而且还可以对原色通道单独执行滤镜功能，从而为图像添加许多特殊效果。

A 通道面板

在 Photoshop 中打开一幅图像后，系统会根据该图像的颜色建立相应的颜色通道。单击【图层】右侧的【通道】选项卡，打开如图 3-12 所示的【通道】面板。

图 3-12 通道面板

● 通道名称：显示对应通道的名称，通过按名称后面的快捷键，可以快速切换到相应的通道。

● 载入选区：单击该按钮可以将当前通道转化为选区。

● 保存选区：单击该按钮可以将当前选择区域转化为一个 Alpha 通道。

● 新建通道：用于新建一个 Alpha 通道。

● 删除通道：用于删除当前通道。

B 创建新通道

新建的通道称为 Alpha 通道，它常用于保存图像选区的蒙版，而不是保存图像的颜色。单击【通道】面板底部的【新建通道】按钮，或单击【通道】面板右上角的菜单面板，在下拉菜单中选择【新建通道】命令，即可新建一个 Alpha 通道。新建的通道在图像窗口中显示为黑色。

C　复制通道

如果需要直接对通道进行编辑，最好先复制一个通道，再编辑该复制的通道，以免编辑后不能还原。复制通道的操作方法与复制图层类似。

D　存储和载入通道选区

将图像选区存储到 Alpha 通道中，当需要使用该选区时，可以很方便地从 Alpha 通道中将其载入使用。如图 3 - 13 所示，使用选择工具在图像窗口中绘制一个选区。然后【选择】|【存储选区】命令（如图 3 - 14 所示），打开【存储选区】对话框，在【文档】下拉列表框中选择该选区所在的图像文档，如"鹰.jpg"选项；在【通道】下拉列表框中选择【新建】，在【名称】文本框中输入该选区的名称，这里输入"头部"；最后单击【确定】按钮，将绘制的选区存储到一个新建的 Alpha 通道中，如图 3 - 15 所示。

图 3 - 13　绘制选区

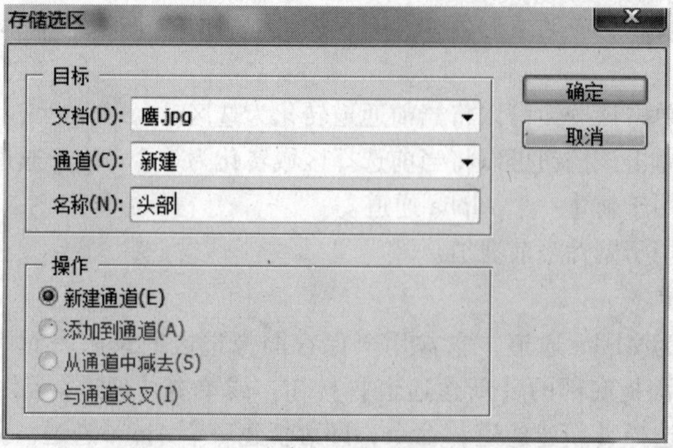

图 3 - 14　存储选区

图 3 – 15 以通道形式存储的选区

然后，在图像窗口中取消选区。此后，随时都可以通过【选择】｜【载入选区】命令，将刚才以通道形式存储的选区再调出来使用。

3.5.2.4 路径的使用

使用"套索工具"、"魔棒工具"等选取工具可以很方便地创建单一、规则的选区。但是，如果要建立较为复杂而精确的选区，则需要使用"路径工具"。

A 认识路径和【路径】面板

路径是由多个锚点的矢量线条构成的，它是不可打印的矢量图，用户可以沿着产生的线段或曲线对路径进行颜色填充和描边，还可以将其转换成选区，从而进行图像选区的处理。如图 3 – 16 所示，路径主要由线段、锚点和控制柄等构成。路径的操作和编辑大部分都是通过【路径】面板来实现，单击面板中的【路径】选项卡，打开如图 3 – 17 所示的【路径】面板。

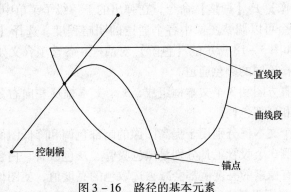

图 3 – 16 路径的基本元素

B 使用"钢笔工具"绘制路径

在 Photoshop 中，使用"钢笔工具"组中的工具可以创建路径。

• 绘制直线路径：单击工具箱中的"钢笔工具"按钮，在图像窗口的适当位置单击鼠标左键创建路径的起点（即第一个锚点），移动鼠标至适当位置再单击鼠标左键创建第二

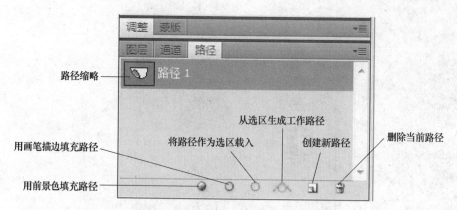

图 3 - 17　路径面板

个锚点，第一个和第二个锚点之间会自动创建一条直线路径；继续移动鼠标到下一个位置并单击鼠标左键创建第三个锚点，同时在第二个和第三个锚点之间又会自动创建一条直线路径；将鼠标光标移到路径的起点处，单击鼠标左键即可创建一条封闭的、由直线段组成的路径。

●绘制曲线路径：单击工具箱中的"钢笔工具"按钮，在图像窗口的适当位置处单击鼠标左键创建路径的起点（即第一个锚点），移动鼠标至适当位置按住鼠标左键并拖动该锚点即可创建一条曲线路径。

C　使用路径编辑工具修改路径

使用路径编辑工具可进一步修改路径。路径编辑工具主要包括"添加锚点"、"修改锚点"和"转换锚点"等。

3.5.2.5　图像的调整

在 Photoshop 中，图像的调整主要包括 3 个方面的内容：图像色调的调整、图像色彩的调整和图像特殊颜色的调整。

Photoshop 提供了直方图面板、色阶、自动色阶、亮度/对比度、调整曲线等命令用于调整色调，选择【图像】｜【调整】命令，在弹出的下一级子菜单中即可选择这些命令。

使用【色阶】命令可以调整图像中各个通道的明暗程度。选择【图像】｜【调整】｜【色阶】命令，打开如图 3 - 18 所示的【色阶】对话框，各选项含义如下：

●通道：用于选择不同的颜色通道。

●输入色阶：由直方图和 3 个文本框组成，3 个文本框从左向右分别用于设置图像的暗部色调、中间色调和亮部色调。

●输出色阶：两个文本框分别用于提高图像的暗部色调和降低图像的亮度。

●吸管工具：右侧 3 个吸管工具分别是黑色吸管、灰色吸管、白色吸管；用黑色吸管单击图像，图像上所有像素的亮度值都会减去选取色的亮度值，使图像变暗；用灰色吸管单击图像，Photoshop 将用吸管单击处的像素亮度来调整图像所有像素的亮度；用白色吸管单击图像，图像上所有像素的亮度值都会加上选取色的亮度值，使图像变亮。

使用【曲线】命令可以对图像的色彩、亮度和对比度进行综合调整，常用于改变物体的质感。选择【图像】｜【调整】｜【曲线】命令，打开如图 3 - 19 所示的【曲线】对话框。

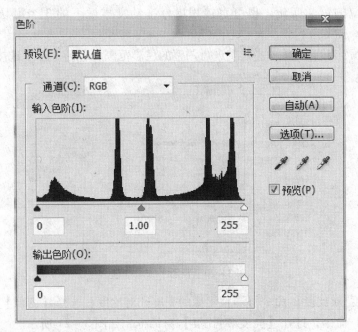

图 3-18 色阶对话框

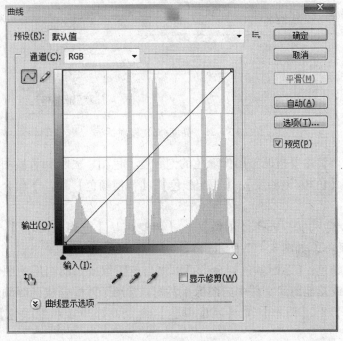

图 3-19 曲线对话框

使用【色彩平衡】命令可以调整图像整体的色彩平衡，在彩色图像中改变颜色的混合。若图像有明显的偏色，用户可以用该命令来调整。选择【图像】|【调整】|【色彩平衡】命令，打开如图 3-20 所示【色彩平衡】对话框，其中各选项的含义如下：

• 色彩平衡：在【色阶】后的文本框中输入数值可以调整 RGB 三原色到相应 CMYK

色彩模式间对应的色彩变化，也可直接用鼠标拖动文本框下的 3 个滑块来调整图像的色彩。

　　●色调平衡：用于选择需要着重进行调整的色彩范围，包括 3 个单选按钮。

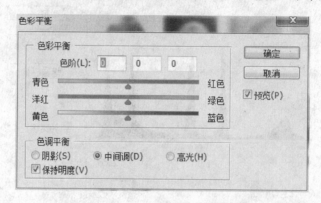

图 3 – 20　色彩平衡对话框

　　使用【亮度/对比度】命令可调整图像的亮度和对比度。选择【图像】｜【调整】｜【亮度/对比度】命令，打开【亮度/对比度】对话框，如图 3 – 21 所示。

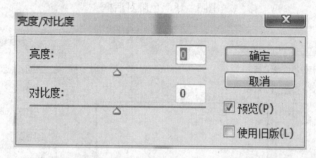

图 3 – 21　亮度/对比度对话框

　　图像色彩的调整主要指调整图像颜色的饱和度、色相、去除和替换图像的颜色等。常用的调整命令有【色相/饱和度】、【匹配颜色】、【替换颜色】等。下面介绍几种常用的色彩调整命令。

　　●调整色相/饱和度：选择【图像】｜【调整】｜【色相/饱和度】命令，打开【色相/饱和度】对话框，如图 3 – 22 所示。

　　●匹配图像颜色：【匹配颜色】命令可以将当前图像或当前图层中图像的颜色与它下一图层中的图像或其他图像文件中的图像相匹配，常用于匹配合成两幅颜色相差较大的图像。选择【图像】｜【调整】｜【匹配颜色】命令，打开【匹配颜色】对话框，如图 3 – 23 所示。

　　●替换图像颜色：【替换颜色】命令用于调整图像中选取的特定颜色区域的色相、饱和度和亮度值。选择【图像】｜【调整】｜【替换颜色】命令，打开【替换颜色】对话框，如图 3 – 24 所示。

　　调整图像的特殊颜色主要有【反相】、【色调均化】、【阈值】、【色调分离】等命令。下面介绍几个常用的命令。

图 3-22 色相/饱和度对话框

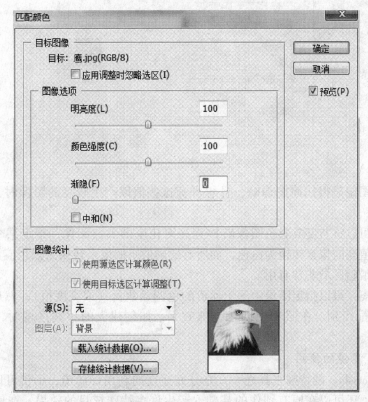

图 3-23 匹配颜色对话框

● 反相:【图像】|【调整】|【反相】命令,主要用于调整反转图像中的颜色。可以在创建边缘蒙版的过程中使用【反相】命令,以便向图像的选定区域应用锐化和其他调整。

● 色调均化:重新分布图像中像素的亮度值,以便它们更均匀的呈现所有范围的亮度

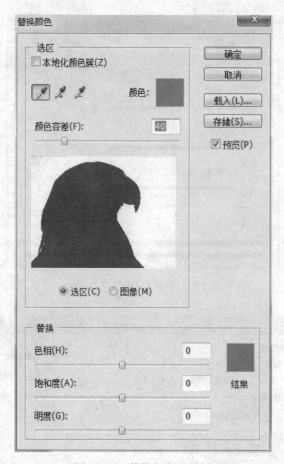

图 3 – 24　替换颜色对话框

级。当扫描的图像显得比原图像暗，且想平衡这些值以产生较亮的图像时，可以使用该命令。

●阈值：可以将灰度或彩色图像转换为高对比度的黑白图像，指定某个色阶作为阈值，所有比阈值亮的像素转换为白色，而所有比阈值暗的像素转换为黑色。该命令对确定图像的最亮和最暗区域非常有用。

●色调分离：可以指定图像中每个通道的色调级数目（或亮度值），然后将像素映射到最接近的匹配级别。在照片中创建特殊效果，如创建大的单调区域时，此调整非常有用。

3.5.2.6　滤镜的使用

滤镜是 Photoshop 的特殊工具之一，充分而适度的利用好滤镜，不仅可以改善图像效果、掩盖缺陷，还可以在原有图像的基础上产生许多特殊炫目的效果。在使用 Photoshop 滤镜的过程中，需要注意以下几个方面：

（1）滤镜只能应用于当前可见图层，且可以反复应用，但一次只能应用在一个图层上。

（2）滤镜不能应用于位图模式、索引颜色和 48 位 RGB 模式的图像，某些滤镜只对 RGB 模式的图像起作用。滤镜只能应用于图层的有色区域，对完全透明的区域没有效果。

（3）有些滤镜完全在内存中处理，所以内存的容量对滤镜的生成速度影响很大。

（4）有些滤镜很负责或是要应用滤镜的图像尺寸很大，执行时需要很长时间，如果想结束正在生成的滤镜效果，只需按 ESC 键即可。

（5）上次使用的滤镜将出现在滤镜菜单的顶部，可以通过执行此命令对图像再次应用上次使用过的滤镜效果。

（6）如果在滤镜设置窗口中对自己调节的效果感觉不满意，希望恢复调节前的参数，可以按住 Alt 键，此时，"取消"按钮会变为"复位"按钮，单击此按钮就可以将参数重置为调节前的状态。

Photoshop 的滤镜通常分为两类：一类是 Photoshop 自身携带的"内置滤镜"；一类是由第三方开发的"外挂滤镜"。下面介绍几种常用的 Photoshop "内置滤镜"。

A   "模糊"滤镜

模糊滤镜主要是使选区或图像柔和，淡化图像中不同色彩的边界，以掩盖图像的缺陷或创造出特殊效果。选择【滤镜】|【模糊】命令，在打开的菜单中选择相应的命令即可。

●动感模糊：可以使静态图像产生运动的效果，原理是通过对某一方向上的像素进行线性位移来产生运动的模糊效果。其参数对话框如图 3-25 所示。其中，角度用于设置动感模糊的角度，距离用于设置动感模糊的强度。

●高斯模糊：允许通过参数设置来控制模糊效果，产生的效果可以从轻微柔化图像边缘到难以辨认的薄雾效果。如图 3-26 所示，其对话框中的【半径】栏用来设置图像的模糊程度，该值越大，模糊效果越明显。

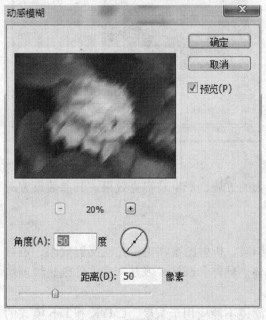

图 3-25   动感模糊对话框   图 3-26   高斯模糊对话框

●径向模糊：用于产生旋转模糊效果，模拟移动或旋转的相机产生的模糊。其参数设置如图 3-27 所示。

B　"像素化"滤镜

　　将图像分成一定的区域，将这些区域转变为相应的色块，再由色块构成图像，类似于色彩构成的效果。选择【滤镜】|【像素化】命令，可以在打开的菜单中选择相应的命令。

　　•点状化：将图像分解为随机分布的网点，并在点间产生空隙，然后用背景色填充该空隙，生成点画派作品效果。其对话框如图3-28所示。

　　•晶格化：能将图像中相近的像素集中到一个像素的多边形网格中，使像素结为纯色多边形，产生类似冰块的块状效果。选择【滤镜】|【像素化】|【晶格化】命令，打开如图3-29所示的对话框。

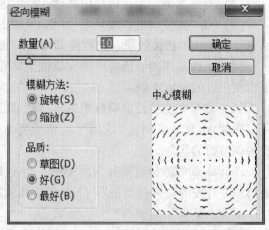

图3-27　径向模糊对话框

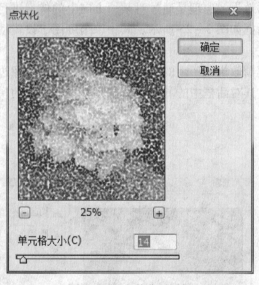

图3-28　点状化对话框

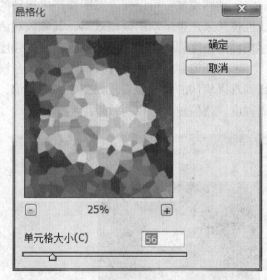

图3-29　晶格化对话框

　　•马赛克：把具有相似色彩的像素合成更大的方块，产生马赛克效果。其参数设置对话框如图3-30所示。

C　"渲染"滤镜

　　渲染滤镜可在图像中创建三维形状、云彩图案、折射图案和模拟光线反射效果，也可为三维空间中操纵对象、创建三维对象（立方体、球体和圆柱）及从灰度文件创建纹理填充，以制作类似三维的光照效果。

　　•光照效果：使图像呈现光照的效果。此滤镜不能应用于灰度、CMYK和Lab模式的图像。选择【滤镜】|【渲染】|【光照效果】命令，将打开如图3-31所示的对话框。"光照效果"滤镜的设置和使用比较复杂，但其功能相当强大。合理运用该滤镜，可产生较好的灯光效果。

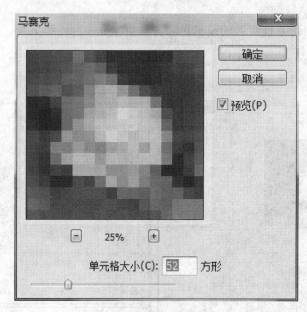

图 3-30 马赛克对话框

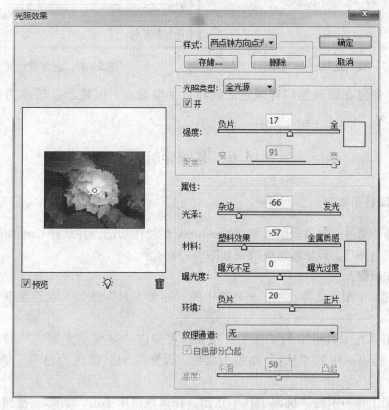

图 3-31 光照效果对话框

● 镜头光晕：模拟强光照射在摄像机镜头中所产生的眩光效果，并可自动调节眩光的位置。此滤镜不能用于灰度、CMYK 和 Lab 模式的图像。其参数设置对话框如图 3-32

所示。

●纤维：根据当前系统设置的前景色和背景色生成一种纤维效果。其参数设置对话框如图3-33所示。

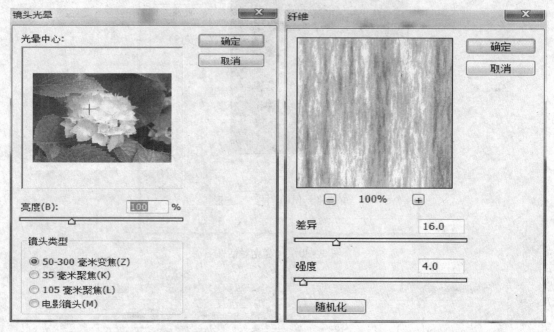

图3-32　镜头光晕对话框　　　　　　　图3-33　纤维对话框

●云彩：通过在前景色和背景色之间随机抽取像素，可将图案转换为柔和的云彩效果。

3.6　案例导航

3.6.1　绘制风景画实例

实例任务：通过绘制风景画来掌握CorelDraw的绘图功能，并掌握CorelDraw绘图中的一些常用方法与技巧。风景画最终效果如图3-34所示。

实例制作步骤：

（1）新建一个图形文件，单击工具箱中的"矩形工具"按钮，在绘图区中拖动鼠标绘制矩形对象。

（2）单击填充工具组中的"渐变"按钮，可弹出"渐变填充方式"对话框，设置"颜色调和"选项区中的"从："颜色为紫色，设置"到"颜色为白色，单击"确定"按钮。

（3）单击工具箱中的"椭圆工具"按钮，在属性栏中单击"饼形"按钮，在起始与角度输入框中输入数值，在绘图区中拖动鼠标绘制半椭圆对象。

（4）单击填充工具组中的"渐变"按钮，可弹出"渐变填充方式"对话框。在"颜色调和"选项区中选中"自定义"单选按钮，在渐变条上从左向右设置渐变颜色为：（C：

图 3-34　风景画效果图

0，M：0，Y：100，K：0）→（C：20，M：0，Y：100，K：0）→（C：40，M：0，Y：100，K：0），单击"确定"按钮。

（5）单击工具箱中的"贝塞尔工具"按钮，在绘图区中拖动鼠标绘制房屋对象，并使用形状工具调整其形状，为其填充相应的颜色。

（6）单击工具箱中的贝塞尔工具与形状工具，在绘图区中绘制图形，作为路面图形，在调色板中单击深褐色，可填充路面图形。

（7）单击工具箱中的矩形工具与形状工具，在绘图区中绘制烟囱图形，并为其填充相应的颜色。

（8）单击工具箱中的"艺术笔工具"按钮，在属性栏中的喷涂文件下拉列表中选择小草喷涂，在绘图区中拖动鼠标绘制所选的喷涂。

（9）选择绘制的喷涂，然后选择菜单栏中的【排列】|【顺序】|【在后面】命令，此时鼠标指针变为喷涂形状，在半椭圆对象上单击，即可将所选择的喷涂对象放在半椭圆对象的后面。

（10）单击工具箱中的"手绘工具"按钮与"形状工具"按钮，在绘图区中绘制树叶图形，并填充树叶图形为绿色。

（11）单击工具箱中的"手绘工具"按钮，在绘图区中绘制树干图形对象，并将其填充为深褐色。

（12）使用挑选工具选择树叶与树干图形对象，按【Ctrl＋G】键群组所选的对象为一个整体，并将群组后的对象移至所绘风景画的适当位置，然后排列其顺序。

（13）用鼠标拖动群组的图形向右移动至适当位置后，单击鼠标右键，可复制图形对象，将其适当缩小。

（14）单击工具箱中的"贝塞尔工具"按钮与"形状工具"按钮，在绘图区中绘制烟雾图形，在调色板中单击灰色色块，填充烟雾图形，在调色板中用鼠标右键单击图标，可去除烟雾图形的轮廓线。

（15）使用贝塞尔工具与形状工具在烟雾图形对象上绘制效果图中的相应图形并填充为紫色。

（16）单击工具箱中的"椭圆工具"按钮，按住【Ctrl】键在绘图区中绘制正圆对象，并将其填充为白色。

（17）复制多个白色图形对象并调整其位置。

风景画效果如图 3 – 34 所示。

3.6.2　显示器海报设计实例

实例任务：用 CorelDraw 制作一幅显示器海报，掌握所学的工具与命令的使用方法，海报的最终效果如图 3 – 35 所示。

图 3 – 35　显示器海报效果图

实例制作步骤：

（1）新建一个图形文件，双击工具箱中的"矩形工具"按钮，绘制与页面大小相符的矩形对象。

（2）单击填充工具组中的"渐变填充"按钮，弹出"渐变填充方式"对话框，设置渐变颜色为紫色到白色的渐变，单击"确定"按钮。

（3）单击工具箱中的"矩形工具"按钮，在绘图区中拖动鼠标绘制矩形，并在调色板中单击深蓝色色块，将其进行填充。

（4）按【Ctrl+Q】键将填充后的矩形转换为曲线，单击工具箱中的"形状工具"按钮，调整曲线的形状。

（5）单击工具箱中的"椭圆工具"按钮，按住【Ctrl】键的同时，在绘图区中拖动鼠标绘制正圆对象，再单击工具箱中的"文本工具"按钮，将鼠标指针移至正圆对象上。当指针显示为形状时，在正圆上单击可出现闪烁的光标，然后输入连续的数字"0100"。

（6）单击工具箱中的"形状工具"按钮，用鼠标单击适配路径的对象，并拖动鼠标调整其字间距。

（7）使用挑选工具选择调整后的文本适配路径对象，选择菜单栏中的【排列】|【拆分】命令，可将正圆与数字拆分，然后使用挑选工具选择正圆对象，按【Delete】键将其删除。

（8）选择数字对象，然后选择菜单栏中的【位图】|【转换为位图】命令，弹出"转换为位图"的对话框，进行相应设置，单击"确定"按钮，即可将适配路径的数字转换为位图。

（9）选择菜单栏中的【位图】|【模糊】|【放射式模糊】命令，弹出"放射式模糊"对话框，设置好参数，单击"确定"按钮。

（10）按住【Shift】键拖动模糊后的数字对象，将其进行等比缩放，并复制多个。

（11）单击工具箱中的"手绘工具"按钮，按住【Ctrl】键的同时在绘图区中绘制直线。

（12）在直线选择的状态下，再次单击直线，可出现旋转符号，将旋转中心移至相应的位置。

（13）选择菜单栏中的【排列】|【变换】|【旋转】命令，打开"变换"泊坞窗，在"角度"输入框中输入数值2，单击"应用到两制"按钮，可旋转并复制直线对象，继续单击此按钮，可制作出如效果图所示的线形图形。

（14）按【Ctrl+L】键将旋转复制的线形图形结合为一个整体。

（15）使用矩形工具在绘图区中绘制矩形，将其移至相应的位置。

（16）选择菜单栏中的【排列】|【修整】|【修整】命令，打开"修整"泊坞窗，在"修整"下拉列表中选择修剪选项，单击"修剪"按钮，将鼠标指针移至结合后的线形对象上单击，即可修剪线形对象。

（17）将用来修剪线形的矩形分别移至相应位置，对线形进行修剪，然后将矩形删除。

（18）使用挑选工具选择页面下侧的深蓝色图形对象，选择菜单栏中的【排列】|【修整】|【修整】命令，打开"修整"泊坞窗，在"修剪"下拉列表中选择修剪选项，单击"修剪"按钮，将鼠标指针移至线形对象上单击，即可使用深蓝色的图形修剪线形的下侧。

（19）选择修剪后的线形，在调色板上单击白色色块，将其轮廓线颜色设置为白色。

（20）单击工具箱中的"矩形工具"按钮，在属性栏中的"圆角矩形"输入框中分别输入数值15，在绘图区中拖动鼠标绘制圆角矩形，在调色板中单击灰色色块，将其填充为灰色。

（21）按住【Shift】键拖动圆角矩形上的控制点，将其向内等比缩小至适当位置后单击鼠标右键复制，然后在填充工具组中单击"渐变"按钮，弹出"渐变填充方式"对话框，设置渐变颜色为黑色到白色的渐变，设置渐变方式为线性，并设置好其他参数，单击"确定"按钮，填充缩小并复制的圆角矩形。

（22）按住【Shift】键将填充渐变后的圆角矩形等比缩小并复制，然后将其填充为白色。

（23）使用椭圆工具与矩形工具在绘图区中绘制显示器的底座图形，并对其填充相应的颜色。

（24）按【Ctrl + I】键导入一幅位图图像，调整图像的大小及位置。

（25）使用挑选工具框选绘制好的显示器图形对象，按【Ctrl + G】键将其群组，然后移至页面中进行适当的旋转并调整其位置。

（26）单击工具箱中的"交互式阴影工具"按钮，在显示器上拖动鼠标添加阴影，然后在属性栏中设置相关参数对阴影进行修改。

（27）单击工具箱中的"文本工具"按钮，在绘图区中输入文字，再使用手绘工具绘制一条曲线。

（28）选择输入的文字，然后选择菜单栏中的【文本】｜【使文本适合路径】命令，此时鼠标指针变为形状，在曲线上单击可使文本适合路径。

（29）使用形状工具调整路径上文字的间距。

（30）按【Ctrl + K】键拆分文字与曲线，选择曲线按【Delete】键删除，将文字移至页面中，改变颜色为白色，并为其添加黑色阴影效果。重复步骤（27）~步骤（30）制作另一行文字效果。

（31）单击工具箱中的"文本工具"按钮，在绘图区中输入文字，并设置文字的颜色为白色。

（32）使用文本工具在绘图区中输入其他文字，并改变其字体与字号。

（33）使用矩形工具在绘图区中绘制矩形，然后在填充工具组中单击"渐变"按钮，弹出"渐变填充方式"对话框，设置相应参数，单击"确定"按钮。

（34）单击工具箱中的"文本工具"按钮，在属性栏中设置字体与字号，在填充渐变后的矩形对象上输入文字。

显示器海报制作完成，最终的效果如图 3 - 35 所示。

3.6.3　水中倒影制作实例

实例任务：利用素材制作水中倒影，掌握 Photoshop 的基本操作，掌握图像变形及画布裁剪等命令的使用方法，了解 Photoshop 滤镜的基本操作流程。

实例制作步骤：

（1）打开一张准备好的素材图片，先按【Ctrl + A】键，再按【Ctrl + C】键，新建一个文件，然后按【Ctrl + V】键。

（2）用【图像】｜【画布大小】命令，把画布的长度扩大成两倍。

（3）按住【Alt】键，移动房屋图像，即复制一份。

（4）把复制好的图像垂直翻转成倒影状（【编辑】｜【变换】｜【垂直翻转】），再按【Ctrl + T】键把倒影图像的高度恰当的缩小。

（5）用裁剪工具把多出的画布剪掉。

（6）选中倒影图层，对它进行滤镜设置：【滤镜】｜【扭曲】｜【波纹】，设置参数为波纹：90%；中。

（7）再选择【滤镜】｜【模糊】｜【高斯模糊】命令，半径为：1.6；选择【滤镜】｜【模糊】｜【动感模糊】命令，角度：90°，距离：11。

（8）涟漪效果：在倒影图中画一个椭圆形选区。

（9）选择【滤镜】｜【扭曲】｜【水波】命令，设置参数：数量：22；起伏：12样式，水池波纹。

（10）把倒影图片不透明度设置为90%。

最后的效果类似图3-36所示。

图3-36 水中倒影效果图

3.6.4 通道在背景替换中的应用实例

实例任务：应用通道进行背景替换，掌握Photoshop的通道使用方法及通道在抠图中的应用。

实例制作步骤：

（1）打开人物素材图片，切换至"通道面板"。

（2）选择反差较大的绿色通道，并复制绿色通道得到其副本，选择"绿副本"通道。

（3）选择【图像】｜【调整】｜【色阶】、【图像】｜【调整】｜【曲线】，以及【图像】｜【调整】｜【亮度/对比度】等命令，适当调整"绿副本"通道，加大任务与背景的反差。

（4）选择【图像】｜【调整】｜【反相】命令。

（5）将背景色调成白色，选择"橡皮擦工具"，将需要选择的区域擦成白色。

（6）将背景色调成黑色，用"橡皮擦工具"将人物周边的区域擦成黑色。

（7）选择"通道面板"下方的"将通道作为选区载入"。

（8）分别按【Ctrl + C】键和【Ctrl + V】键，将所选人物复制到新的图层。

（9）根据自己的需要更换背景。

习　题

3-1 计算机图形处理和图像处理分别包括哪些内容？

3-2 什么是色彩的亮度、色调及饱和度？

3-3 什么是矢量图，什么是位图，常见的格式文件有哪些？

3-4 自选一张图像，用 CorelDraw 实现透明、透镜、渐变效果。

3-5 利用 Photoshop 制作一个金属球。

4　视频处理

——

【学习提示】

◆ **学习目标**

➢ 掌握数字视频的基本概念

➢ 了解数字视频的获取方法

➢ 掌握 Premiere 软件的基本操作方法和视频处理的常用技巧

◆ **核心概念**

➢ 视频；帧率；视频分辨率；码率；量化；采样；非线性编辑系统

◆ **视频教程**

Premiere 视频教程参考网址：http：//www. 51 zxw. net/list. aspx？cid = 30

——

4.1　视频处理基本知识

视觉是人类感知外部世界的最重要的途径，而计算机视频技术是把人们带到近于真实世界的最强有力的工具。在多媒体技术中，视频信息的获取及处理占有举足轻重的地位，视频处理技术在目前甚至将来都是多媒体应用的一个热门方向。

广义的图像分为两种：静止的图像（image）和活动的图像（video）。其中，video 称之为视频。就其本质而言，视频实际上就是一系列连续播放的静止图像。在多媒体技术中，视频处理一般是指借助于一系列相关的硬件（如视频卡）和软件，在计算机上对输入的视频信号进行接收、采集、传输、压缩、存储、编辑、显示、回放等多种处理。视频信号主要是指来自电视机、录像机、摄像机等视频设备的信号。

4.1.1　视频图像的数字化处理过程

要让计算机处理视频信息，首先要解决的问题是将模拟视频信号转换为数字视频信号。与音频信号数字化类似，计算机也要对输入的模拟视频信息进行采样与量化，并经编码使其变成数字化图像。

图像采样就是将二维空间上模拟的连续亮度（即灰度）或色彩信息，转化为一系列有限的离散数值来表示。由于图像是一种二维信息，所以具体的做法就是对连续图像在水平方向和垂直方向等间隔地分割成矩形网状结构，所形成的矩形微小区域，称之为像素。被分割的图像若水平方向有 M 个间隔，垂直方向上有 N 个间隔，则一幅视频画面就被表示

成 $M \times N$ 个像素构成的离散像素的集合。

在进行采样时，采样点间隔的选取是一个非常重要的问题。它决定了采样后的图像是否能真实地反映原图像的程度。一般来说，原图像中的画面越复杂，色彩越丰富，则采样间隔应越小。由于二维图像的采样是一维的推广，根据信号的采样定理，要从取样样本中精确地复原图像，可以得到图像采样的 Nyquist 定理。图像采样定理可描述为：图像采样的频率必须大于或等于原图像最高频率分量的两倍。

采样后得到的亮度值（或色彩值）在取值空间上仍然是连续值。把采样后所得到的这些连续量表示的像素值离散化为整数值的操作叫量化。图像量化实际上就是将图像采样后的样本值的范围分为有限多个段，把落入某段中的所有样本值用同一值表示，是用有限的离散数值量来代替无限的连续模拟量的一种映射操作。为此，把图像的色彩（对于黑白图像为灰度）的取值范围分成 K 个子区间，在第 i 个子区间中选取某一个确定的色彩值 G_i，落在第 i 个子区间中的任何色彩值都以 G_i 代替，这样就有 K 个不同的色彩值，即颜色值的取值空间被离散化为有限个数值。

在量化时所确定的离散取值个数称为量化级数，为表示量化的色彩值（或亮度值）所需的二进制位数称为量化字长。一般可用 8bit、16bit、24bit 或者更高的量化字长来表示图像的颜色。量化字长越长，则越能真实地反映原有图像的颜色，但得到的数字图像的容量也越大。

在多媒体系统中，视频信号的采样和量化是通过视频卡对输入的画面进行采集和捕获，并在相应的软件支持下完成的。画面采集可分为单幅画面采集和多幅动态画面连续采集。单幅画面采集时，用户可将输入的视频信息定格，然后将定格后的单幅画面以图形文件格式加以存储。为得到活动的视频画面，要进行连续采集，视频卡可以对视频信号源输入的视频信号进行实时、动态的捕获和压缩，可以每秒 25 帧到 30 帧的采样速度对视频加以采样和量化。

视频信号经数字化后，需要将数字化信息压缩后加以存储。在使用时，再将数字化信息从介质中读出，还原成图像信号加以输出。作为一个完整的信息表示，有时视频信息还需要与音频信息同步播放，这就需要将视频信号与音频信号按某种格式组织起来，在播放时实现二者的同步。

在多媒体的应用领域中，由于数字化图像资料信息数据过于庞大，面临图像数据存储和传输的困难。因此，视频技术一直是多媒体技术中较困难的部分。在多媒体系统中，动态视频图像不仅需要巨大的存储容量，而且对传输速度也有很高的要求，视频信号的采集、存储、显示、传输都要涉及庞大的数据。

4.1.2　数字化视频的优点

数字化视频具有如下优点：

（1）适合于网络应用。在网络环境中，视频信息可以很方便地实现资源的共享，通过网络，数字信号可以很方便地从资源中心传到办公室或家中。视频数字信号可以长距离传输，而模拟信号在传输过程中容易产生信号损耗和失真。

（2）再现性好。由于模拟信号是连续变化的，所以不管复制时采用的精确度多高，失真总是不可避免的，经过多次复制以后，误差会很大。数字视频可以不失真地进行多次拷贝，其抗干扰能力是模拟图像无法比拟的。它不会因存储、传输和复制而产生图像质量的退化，从而能够准确地再现图像。

（3）便于计算机处理。模拟视频信号只能简单地调整亮度、对比度和颜色等，极大地限制了处理手段和应用范围。而数字视频信号可以传送到计算机内进行存储、处理，很容易进行创造性的编辑与合成，并进行动态交互。

数字视频的缺陷是处理速度慢，所需的数据存储空间大，从而使数字图像的处理成本增高。通过对数字视频的压缩，可以节省大量的存储空间，降低数字图像的处理成本。

4.1.3 数字视频的相关概念

（1）帧率。帧率是表示数字视频在时间上间隔快慢的参数。电影的帧率是每秒24帧，电视的帧率有每秒25帧的，也有每秒30帧的。帧率过低时，会感觉到图像在闪烁，或者图像的动作是跳跃的、不连续的。

（2）视频分辨率。视频在数字化时需要对每帧图像进行像素划分，划分的精细程度就称为视频的分辨率。它是用视频在水平和垂直方向划分的点数来描述的。例如320×240的图像，就是每帧图像在水平方向上被划分为320个像素，而垂直方向上划分为240个像素。

（3）码率。码率是数字视频每秒传输的二进制位数。没经过压缩的视频，其每秒钟需要传输的数据量是固定的；而压缩的数字视频，可以选择不同的码率，来适应不同的网络环境。带宽高时，码率可以设高一些，带宽低时，只能选择低的码率，从而满足网上播放视频时的连续性，或减少等待的时间。

（4）流式视频。视频数据通过 Internet 来播放时，有两种方式：一种是视频作为完整的文件整体传输到目的地后再播放。但对于较大的视频，由于网络带宽相对而言十分"窄小"，若仍然采用先传输后收看，则需要很长的传输时间。为解决这些问题，一般对视频采用"一边传输一边收看"的方式，先从服务器上下载一部分视频文件，形成视频流缓冲区后实时播放，同时继续下载。满足这种要求的视频格式，称为流式视频。

4.1.4 数字视频的格式

（1）AVI。AVI 格式是由 Microsoft 公司开发的一种数字音频和视频文件格式。AVI 格式一般用于保存电影、电视等各种影像信息。AVI 格式调用方便、图像质量好，但是文件体积过于庞大。

（2）Quick Time。Quick Time 格式是 Apple 公司开发的一种音频和视频文件格式。Quick Time 文件格式支持25位彩色，支持领先的集成压缩技术，提供150多种视频效果，并配有提供了2000多种 MIDI 兼容音响和设备的声音装置。Quick Time 因具有跨平台、存储空间要求小等技术特点，得到业界的广泛认可，事实上它已成为目前数字媒体软件技术领域的工业标准。

（3）MPEG。MPEG 是运动图像专家组的简称，专门致力于运动图像（MPEG 视频）及其伴音编码（MPEG 音频）标准化工作。MPEG 是运动图像压缩算法的国际标准，现已被几乎所有的 PC 机平台共同支持。MPEG 家族中包括了 MPEG－1、MPEG－2 和 MPEG－4 等在内的多种视频格式。平均压缩比为50∶1，最高可达200∶1。VCD 光盘压缩是采用

MPEG – 1 格式算法压缩的，可以把一部 120 分钟的电影压缩到 1.2GB 左右。MPEG – 2 则应用在 DVD 的制作（压缩）方面，同时还应用在 HDTV（高清晰电视广播）等高要求视频处理上。使用 MPEG – 2 的压缩算法，可以把一部 120 分钟的电影压缩到 4 ~ 8GB。

（4）RM。RM(Real Media) 格式是由 Real Networks 公司开发的一种能够在低速率的网上实时传输视/音频信息的视/音频压缩规范的流式视/音频文件格式，可以根据网络数据传输速率的不同制定不同的压缩比率，从而实现在低速率的广域网上进行影像数据的实时传送和实时播放。RM 是目前 Internet 上最流行的跨平台的 C/S 结构流媒体应用格式。

（5）ASF。ASF(Advanced Streaming Format，高级流格式) 是 Microsoft 公司推出的，也是一个在 Internet 上实时传播多媒体的技术标准，是可以直接在网上观看视频节目的视频文件压缩格式。其视频部分采用了先进的 MPEG – 4 压缩算法，音频部分采用了 Microsoft 公司的一种比 MP3 还要好的压缩格式 WMA。ASF 的主要优点包括：本地或网络回放、可扩充的媒体类型、部件下载以及技术扩展性等。

（6）WMV。WMV 格式也是一种独立于编码方式的在 Internet 上实时传播多媒体的技术标准，Microsoft 公司希望用其取代 Quick Time 之类的技术标准以及 WAV、AVI 之类的文件扩展名。WMV 的主要优点包括：本地或网络回放、可扩充的媒体类型、部件下载、可伸缩的媒体类型、流的优先级化、多语言支持、环境独立性、丰富的流间关系以及扩展性等。

4.2　数字视频的采集

4.2.1　视频卡的分类与功能

视频卡根据用途分为不同的种类，每种卡适合完成一种或几种功能。例如，为制作多媒体节目而采集视频图像素材时，就需要一块视频采集卡；要把计算机创作的动画转录到录像带上，就要选择视频输出卡；而要在计算机上看电视节目，则需要电视卡。

（1）视频采集卡。视频采集卡也称为视频捕获卡，它的主要功能就是对输入的模拟视频进行采样、量化后转换为数字图像文件。采集的模拟视频信号源可以来源于录像机、摄像机、电视机等设备，使原来保存在录像带、激光盘等介质上的图像通过视频采集卡转录到计算机内部，利用摄像机也可以将现场的图像实时地输入计算机。

（2）视频输出卡。经过计算机加工处理后的视频数据，以视频文件的格式进行存储和交流，但不能以录像带的形式进行传播或者直接在电视机上收看。视频输出卡的功能是将计算机显示卡输出的 VGA 信号转换为标准的视频信号，以 PAL 和 NTSC 两种制式输出，从而可在电视上观看计算机显示器上的画面，或将其通过录像机录制到录像带上。

（3）视频叠加卡。视频叠加卡将标准视频信号与 VGA 信号叠加，并显示在计算机的显示屏上。它一般拥有至少一个视频输入端口，标准视频信号由此输入卡内与 VGA 信号叠加，叠加的同时也可以加入一些特技效果，最后将综合处理的信号展现于显示屏上。

（4）MPEG 卡。MPEG 是一项能将大量视频信息进行压缩的标准，在该标准的支持下，一套 74 分钟的完整录像画面以及具有 CD 音质的音频信号，只要一张 CD 光盘即可存储。由于 MPEG 将活动的图像与声音信号一体存储，因此大大提高了播放质量。

（5）电视接收卡。电视卡从工作原理上看相当于一台数字式电视机。它首先将从天线接收下来的射频信号变换成视频信号，然后经 A/D 转换器变为数字信号，再经变换电路变为 RGB 模拟信号，最后通过 D/A 转换变为模拟 RGB 信号送至显示器上显示。

4.2.2 视频采集

4.2.2.1 视频采集卡的工作原理

视频采集卡是一个安装在计算机扩展槽上的一个硬件。它可以汇集多种视频源的信息，如电视、影碟、录像机（VCR）和摄像机的视频信息，对被捕捉和采集到的画面进行数字化、冻结、存储、输出及其他处理操作，如编辑、修整、裁剪、按比例绘制、像素显示调整、缩放功能等。视频卡的工作原理见图 4-1。

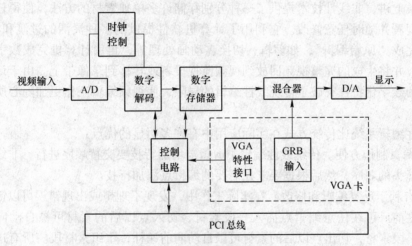

图 4-1 视频卡的工作原理

4.2.2.2 视频采集的过程

视频采集的过程主要包括如下几个步骤：

（1）设置音频和视频源，把视频源外设的视像输出与采集卡相连，音频输出与 MPC 声卡相连。

（2）准备好 MPC 系统环境，如硬盘的优化，显示设置，关闭其他进程等。

（3）启动采集程序，预览采集信号，设置采集参数。启动信号源，然后进行采集。

（4）播放采集的数据，如果丢帧严重可修改采集参数或进一步优化采集环境，然后重新采集。

（5）由于信号源是不间断地送往采集卡的视频输入端口的，可根据需要，对采集的原始数据进行简单的编辑，如剪掉起始和结尾处无用的视频序列，以减少数据所占的硬盘空间。

4.3 非线性编辑系统

非线性编辑系统是随着多媒体技术的飞速发展而产生的，它以计算机为平台，配以专用板卡和高速硬盘，由相应软件控制完成视音频节目制作。由于非线性编辑具有传统线性编辑无法比拟的优点，因此，使用视音频非线性编辑系统已经成为电视节目后期制作、电子出版物和多媒体课件制作的发展方向。

4.3.1　线性编辑与非线性编辑

线性编辑（Linear Editing）指的是传统方式下的声像编辑技术。不管是录像带还是录音带，它存储的信息是以时间顺序记录的。当使用者要选取不同的视频素材或某一片段，需要频繁地倒带，从录像带的一部分找到另外一部分，甚至更换录像带。完成一个编辑经常需要反复按顺序寻找需要的片段，其过程费时费力，效率较低。

非线性编辑是将传统视频编辑系统要完成的工作全部或部分放在计算机上实现的技术，是传统设备同计算机技术结合的产物。计算机数字化的记录所有视频片段并将它们存储在硬盘上。由于计算机对媒体的交互性，人们可以对存储的数字文件反复地更新或编辑。从本质上讲，非线性技术提供了一种分别存储许多单独素材的方法，使得任何片段都可以立即观看并随时任意修改。它利用了计算机软件提供的多种灵活的过渡和特殊效果，可高效地完成"原始编辑"，如剪辑、切换、动画处理等，再由计算机完成数字视频的生成与计算，并将生成的完整视频回放到视频监视设备或转移到录像带上。由于计算机交互性及资源的数字化特性突破了传统线性编辑的局限，使视频编辑工作更加随心所欲而富有创造性。

非线性编辑系统比传统方式在实际应用中有许多明显的优点：

（1）编辑制作方便。传统线性编辑中剪辑与增加特技要交替顺序进行，非线性编辑可以先编好镜头的顺序，然后根据要求在需要的编辑点添加特技。

（2）有利于反复编辑和修改。在实际工作中，发现不理想或出现错误可以恢复到若干操作步骤之前。可在任意编辑点插入一段素材，切入点以后的素材可被自动向后推。同样，删除一段素材，切出点以后的素材可以自动向前递补，重组素材段。所有这些操作可以在几秒钟内完成。

（3）图像与声音的同步对位准确方便。图像通过加帧减帧可拉长或缩短镜头片断，随意改变镜头的长度。声音可不变音调而改变音长（即保持声音频率不变，延长或缩短时间节奏）。因此，在实际制作过程中，在一段音乐与一段图像相配时，很容易把它们的长度编成一致。这在传统的线性编辑方式中是不太容易做到的。

（4）制作图像画面的层次多。每一段素材都相当于传统编辑系统中一台放机播放的视频信号，而素材数量是无限的，这使得节目编辑中的连续特技可一次完成无限多个，它不仅提高了编辑效率，而且丰富了画面的效果。

非线性编辑系统是一个以计算机多媒体技术为依托的开放式结构，用户可以选择硬件和软件搭建适合各自专业需求和资金条件的系统。出色的图像质量与实时特性只要选用好的图像板，都可以轻易得到。但要让系统稳定高效的运行，真正发挥出系统的最高性能，软件系统的作用也是至关重要的，是非线性编辑系统的灵魂。

4.3.2　非线性视频编辑系统建立视频的过程

非线性视频编辑系统是将传统视频编辑系统要完成的工作全部或部分在计算机上实现的技术，它需要相应的计算机硬件和软件来配合。计算机完成建立视频的过程主要有以下步骤：

（1）视频素材的准备和搜集。视频素材可以来自于传统视频设备的原始视频资料，如摄像设备、录放像设备、影碟机等视频源，也包括计算机本身获得或生成的图形、动画素材。为了获得高质量的最终视频产品，高质量的原始素材非常重要。

（2）视频采集及数字化。这一过程是非线性视频编辑系统关键的一环，其结果直接影响到最终产品的品质。视频数字化是通过视频采集压缩卡及相应的软件实现的，主要工作是对视频信号进行动态捕获、压缩和存储，形成数据化视频文件。不同的视频硬件卡的性能不同（数据传输速率、视频压缩比、输入模块、采集格式等），其采集视频后的品质也有所差别，用户可根据要求选择合适的硬件卡。

（3）数字视频编辑。典型的编辑过程是：首先创建一个编辑的过程平台，将数字化的视频素材用拖拽的方式放入过程平台。这个平台可自由地设定视频展开的信息，可以逐帧展开，也可以逐秒展开，间隔可以选择。调用编辑软件提供的各种手段，对各种素材进行剪辑、重排和衔接，添加各种特殊效果，二维或三维特技画像，叠加活动字幕、动画等。这些过程的各种参数可反复任意调整，便于用户对过程的控制和对最终效果的把握。

（4）预视过程。预视是可随时为编辑人员提供观看最终结果的工具。大多数非线性视频编辑系统具有"所见即所得"的功能，可随时看到编辑的效果。同最终结果相比，预视是尺寸较小、播放速度较慢的视频。预视后如果对编辑的内容不满意，即可在系统中进行修改，直至满意为止。

（5）生成影片。当确定了最终效果之后，就要用非线性视频编辑系统生成最终的视频文件，即生成连续的视频影像。生成影片的过程实际上是计算机计算的过程，是一项耗时的工作。对于影像切换、拼接、过渡这样简单的编辑，也许不需要太多的计算；但对于大多数复杂的效果（如叠加等），则需要计算机逐帧处理，并以所设定的清晰度和图像品质建立完善的帧，这是比较费时的，所以性能优越的计算机生成影片的效率会比较高。

（6）回放或录制。影片生成后，可以将影片回放到视频显示设备上，或录制到录像带上，这时的视频已经是完整的视频图像了，其播放的效果除设备因素外，主要取决于编辑人员的经验或创意。

4.4 数字视频编辑软件 Premiere

Premiere 是 Adobe 公司出品的一款用于进行影视后期编辑的软件，是数字视频领域普及程度最高的编辑软件之一。对普通用户而言，Premiere 完全可以胜任日常的视频编辑，而且不需要特殊的硬件支持。

Premiere 的主要功能为：

（1）具有视频、音频同步处理能力。

（2）提供可视化的编辑界面、操作简单明了。

（3）可完成视频影像的剪辑、加工和修改操作。

（4）可完成多个视频素材的叠加和合成，形成复合作品。

（5）运用视频滤镜对视频影像进行加工，以生成特殊视觉效果。

（6）能够进行视频片段的连接以及产生连接的过渡效果。

（7）能够在动态底图上播放影片。

4.4.1　Premiere 的基本操作界面

　　Premiere 启动成功后，主界面的窗口布局是上一次关闭项目时的窗口布局，如果是新建项目，那么打开的是默认布局，如图 4-2 所示，主界面中有项目窗口、监视器窗口、时间线窗口、工具窗口、信息面板等。可以根据需要调整窗口的位置或关闭窗口，也可以通过菜单栏【窗口】打开更多的窗口。

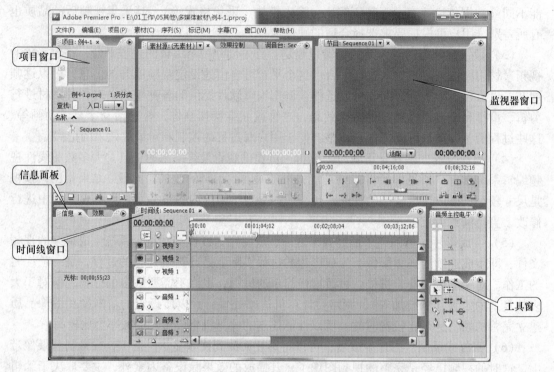

图 4-2　Premiere 主界面

4.4.1.1　【时间线】窗口

　　【时间线】窗口是 Premiere 中最重要的一个窗口，大部分编辑工作都在这里进行，用于合理组织多媒体素材，添加各种特技、过滤和字幕效果，以形成一部完整的作品。时间线是按时间排列影片片段、制作影视节目的窗口，如图 4-3 所示，想要熟练地使用 Premiere，必须了解它的主要按钮的功能。

　　（1）时间标尺：对剪辑的组接进行时间定位。

　　（2）预览指示器范围：看预览区域的大小。

　　（3）工作区条：指示工作区域的范围。

　　（4）编辑线标识：通过编辑线的位置可以知道当前编辑的位置。

　　（5）窗口菜单：单击可显示时间线窗口的命令菜单，对时间单位及剪辑进行设定。

　　（6）固定轨道输出：当标志消失时，该轨道上素材的内容不能进行预览。

　　（7）锁定轨道：当标志出现时，轨道上的素材不能进行编辑。

　　（8）吸附：编辑时素材之间是否采用吸附。

　　（9）设定未编号标记：在当前编辑线的位置设定未编号标记。

（10）音频轨道：音频素材必须放置在音频轨道上。

（11）合上/展开轨道：显示或隐藏轨道的详细内容。

（12）时间缩放滑块：根据时间线上素材片段的长度来确定合适的时间显示比例。

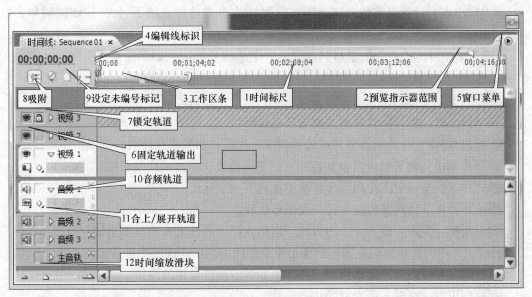

图 4-3　时间线窗口

4.4.1.2　【监视器】窗口

【监视器】窗口外观上与传统电视编辑中常用的编辑器很相似，用于对导入的多媒体素材进行预处理，对拖动到时间线上的多媒体素材（称为剪辑）进行预览、编辑等操作。如图 4-4 所示。

图 4-4　监视器窗口

播放头：通过拖移此标志来对 Premiere 的内容进行查找。

设定入点：设置当前位置（所在位置）为入点位置，按下【Alt】键同时单击它时，设置被取消。

设定出点：设置当前位置（所在位置）为出点位置，按下【Alt】键同时单击它时，设置被取消。

设定未编号标记：一段素材只能设置一个未编号标记，如果需要设置多个，需使用数字标记。

转到上一个标记：在同一段素材中跳到上一个标记。

单步后退：将节目或者预演原始素材反向播放，单击一次跳一帧。

播放/停止：开始播放节目或者预演素材片段，如果正在播放，则单击停止。

单步前进：将节目或者预演原始素材正向播放，单击一次跳一帧。

转到下一个标记：在同一段素材中跳到下一个标记。

循环：将节目或者预演素材片段循环播放。

安全框：为影片设置安全边界线，以防止影片画面太大播放不出该片段。

输出：单击此按钮后在弹出的菜单中选择输出的形式和输出的质量。

转到入点：跳到一段素材的入点，是非常方便且常用的按钮。

转到出点：跳到一段素材的出点。

从入点到出点播放：播放素材剪辑窗口中用户所设定的入点和出点之间的音视频内容。

慢寻工具：按住按钮拖动可在窗口中逐帧浏览素材。

插入：把选定的原素材插入到序列中的选定位置，即把当前影片放到编辑线位置时，单击此按钮，使重叠的片段后移。

覆盖：把选定的原素材覆盖到序列中的选定位置，即把当前影片放到编辑线位置时，单击此按钮，使重叠的片段被覆盖。

确定抓取音视频：这是素材窗口特有的方式，用来切换获取素材的方式。如果素材或节目有声音和画面时，单击它可以在提取声音、画面或两者兼有之间切换。

提升：用来把时间线上所选轨道中的节目入点和出点之间的剪辑删除，删除后，前后剪辑位置不变，会留下空隙。

析取：用来把时间线上所选轨道中的节目入点和出点之间的剪辑删除，删除后，后面的剪辑自动前移，没有空隙。

修整：用来修整每一帧的影视画面效果。

4.4.1.3 【工具】窗口

Premiere 的【工具】窗口继承了 Adobe 多媒体软件的一贯风格，如图 4-5 所示。【时间线】窗口的使用往往需要【工具】窗口上按钮的支持。

• 选择工具：单击可以选定一个素材，拖出一个方框可以选择多个素材。在编辑过程中，当鼠标移动到素材边缘时，光标变形，可以对素材进行拉伸。

• 轨道选择工具：可以把单条轨道上的所有素材选中，进行整体移动，当光标变成此标志时，即可进行选择。

● 波纹编辑工具：用来拖动素材出点，改变素材长度，相邻素材长度不变，总的持续时间长度改变。在编辑过程中，当鼠标移动到素材边缘时，光标变形，可以对素材进行拉伸。

● 旋转编辑工具：用来调整相邻两个素材的长度，一个增长，另一个就会缩短，节目总长度不变。

● 比例伸展工具：用来改变素材的时间长度，调整素材的速率，以适应新的时间长度。素材缩短时，其速度加快。

● 剃刀工具：用来将一个素材分割成2个或者2个以上的片段。

● 滑动工具：用来改变素材的出入点，对时间线窗口中的其他素材不会产生影响。

● 幻灯片工具：用来改变素材的出入点，与滑动工具不同，滑动工具是对同一个素材操作，而幻灯片工具是改变前一素材的出点和后一素材的入点。

● 钢笔工具：用来调节节点，如音轨关键帧的音频变换点。

● 手动工具：当编辑的影片较长时，用来平移时间线上的内容。

● 缩放工具：用来放大或者缩小窗口的时间单位，改变轨道上的显示状态，选中该工具后在轨道上的素材单击则可放大该素材，假如单击的同时按下【Alt】键，则是缩小该素材的显示状态。

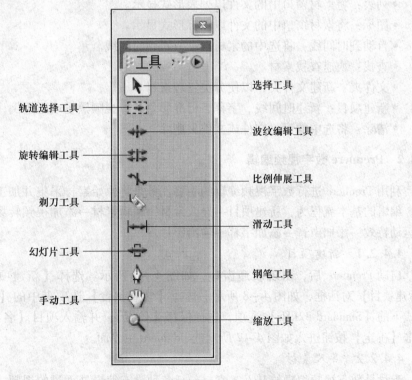

图4-5 工具窗口

4.4.1.4 【项目】窗口

【项目】窗口如图4-6所示，可以用来导入原始素材，对原始素材进行调组或管理，以应用文件夹的形式管理影片片段，并对片段进行预览。

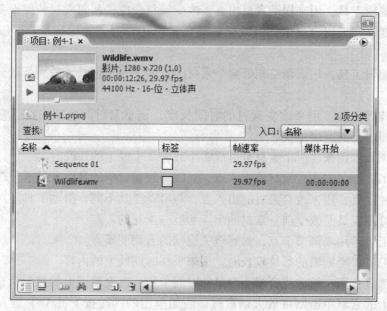

图 4-6　项目窗口

- 列表：将素材窗口中的文件以列表形式显示。
- 图标：将素材窗口中的文件以图标形式显示。
- 自动到时间线：将选中的素材自动放置到时间线。
- 查找：快速查找素材。
- 文件夹：新建文件夹，以便分类管理素材。
- 新建项目：新建时间线、字幕、标准彩色条、视频黑场或通用倒计时片头等。
- 清除：将选中的素材文件或文件夹删除。

4.4.2　Premiere 数字视频编辑

利用 Premiere 进行数字视频编辑的主要任务是将原始素材采集并加工成最终的影视节目。编辑的基本流程为：新建项目→导入素材→编辑素材→添加视频转场特效→视频特效或运动特效→添加声音→添加字幕→输出影片。

4.4.2.1　新建项目

启动 Premiere 后，出现欢迎窗口，如图 4-7 所示。选择【新建项目】选项，出现【新建项目】对话框，如图 4-8 所示。选择【装载预置】选项卡中的【DV-PAL】预置模式下的【Standard 32kHz】选项，选择保存【位置】，并输入项目【名称】，设置完成后单击【确定】按钮进入如图 4-2 所示的 Premiere 主界面。

4.4.2.2　导入素材

素材是数字视频编辑的基石。素材包括各种没有编辑处理过的视频、音频、图像等数字化文件。在使用 Premiere 进行编辑处理前，应先将整理好的各种素材导入到项目窗口。

执行【文件】|【导入】命令（或双击【项目】窗口的空白处），在弹出的【导入】对话框中选择要导入的素材文件，单击【打开】按钮，进入图 4-9 所示对话框，导入的

图 4-7　欢迎窗口

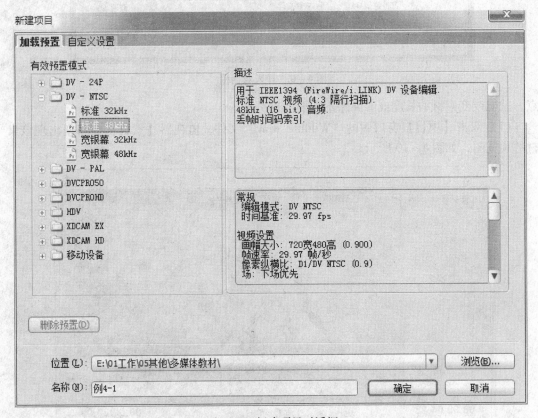

图 4-8　新建项目对话框

素材在图 4-6 所示 Premiere【项目】窗口中出现并可以预览。【项目】窗口中的素材，可以用【项目】窗口下部的按钮进行管理。

4.4.2.3　编辑素材

对导入的素材进行编辑，只需在【项目】窗口选中要编辑的素材文件，然后设置编辑

图 4-9 导入对话框

点，就能改变素材的长度或者删除不需要的部分。

（1）双击【项目】窗口中的"Wildlife. wmv"文件，监视器【素材】窗口便出现该素材的预览图，如图 4-10 所示。

图 4-10 素材出现在监视器中的预览效果

（2）拖动 █ 播放头，在"00：00：11：00"位置单击 █ 按钮设定入点，当前显示的这一帧为该素材的入点，如图 4-11 所示；拖动 █ 播放头，在"00：00：21：14"位置单击 █ 按钮设定出点，当前显示的这一帧为该素材的出点，如图 4-12 所示。中间的深色区域为可使用素材范围，剪辑片段总长度为 10 秒 15 帧。

图 4-11 入点设定

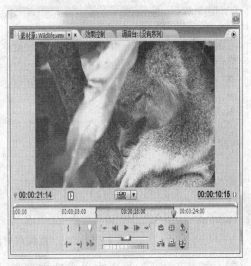
图 4-12 出点设定

如果要更改原来的入点（或出点），可以在按下【Alt】键时单击【设定入点】（或设定出点）按钮，删除原来的入点（或出点）后重新设置。

（3）在监视器【素材】窗口中单击 █ 按钮，将剪辑后的视频添加到【时间线】窗口中，如图 4-13 所示。"视频 1"轨道和"音频 1"轨道中同时出现该段素材，表示该段素材的音频和视频部分是链接在一起的。

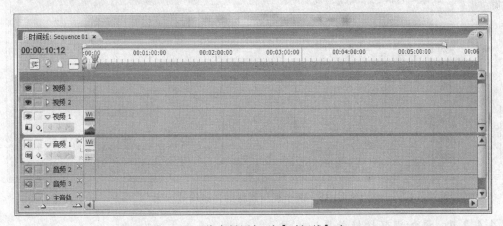
图 4-13 将素材添加到【时间线】窗口

（4）在【时间线】窗口中右键单击刚添加的素材，在出现的快捷菜单中选择【解除音视频链接】命令，解除音频和视频之间的链接关联。

（5）在"音频 1"轨道中单击选中素材"Wildlife. wmv"的音频部分，按【Delete】键将其删除。

（6）将【项目】窗口中的视频素材"01. asf"拖入【时间线】窗口的"视频 1"轨道中，如图 4 - 14 所示。

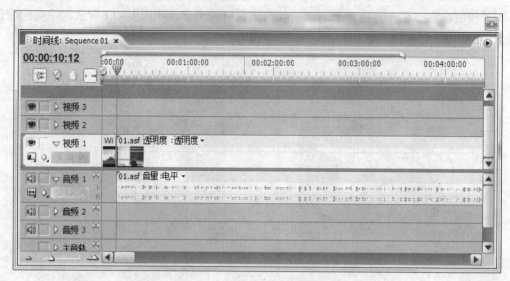

图 4 - 14   两个视频素材添加到【时间线】窗口

（7）在"音频 1"轨道中单击选中素材"01. asf"的音频部分，按【Delete】键将其删除，如图 4 - 15 所示。

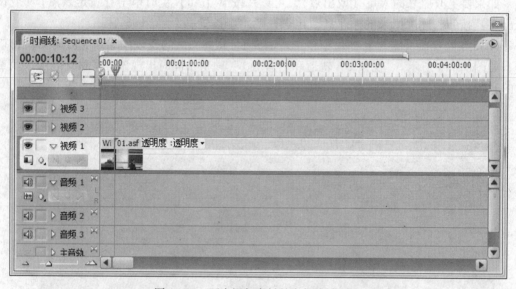

图 4 - 15   两个视频素材的音频均被删除

4.4.2.4   添加视频切换效果

一段视频结束，另一段视频接着开始，在电影中称为镜头切换，为了使切换衔接自然或更加有趣，可以使用各种视频切换效果。

（1）单击【效果】选项卡，选择【视频切换效果】→【3D 运动】→【旋转离开】切换效果，如图 4 - 16 所示。

图 4-16 选择视频切换效果

（2）将特效前面的图标拖动到【时间线】窗口中"视频 1"轨道上的两个剪辑之间，在两个剪辑的连接处可以看到视频切换标志，如图 4-17 所示。

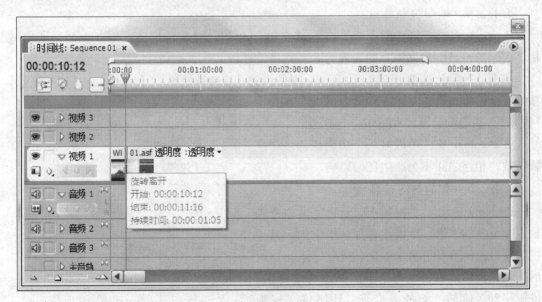

图 4-17 添加视频切换效果

由于【时间线】窗口中的素材显示比例太小不便于观察，可以使用【时间线】窗口左下角的"时间缩放滑块"调节显示比例。

（3）在监视器的【时间线】窗口中可以预览视频切换效果。如果需要调整已添加的某个视频切换效果，可以先在【时间线】窗口中的轨道上单击选中该效果，然后单击监视器左边窗口的【效果控制】选项卡，此处可以对切换时间、切换方向及对齐等方面进行调整。监视器窗口中的效果控制和视频切换效果如图 4 – 18 所示。

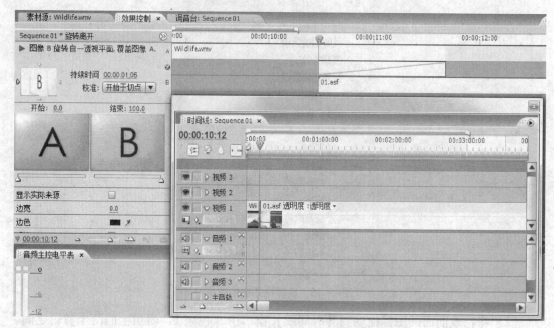

图 4 – 18　效果控制与视频切换

4.4.2.5　添加视频特效

Premiere 中的视频特效与 Photoshop 中的滤镜相似。视频特效能产生动态的扭曲、模糊、闪电等特效，增强影片的表现力。

单击【效果】选项卡，选择如图 4 – 19 所示的【视频特效】→【生成】→【镜头光晕】项，将视频特效前的图标拖到【时间线】窗口中"视频 1"轨道的剪辑"Wildlife. wmv"上。

在 Premiere 中，可以对一个剪辑添加多个视频特效，相互之间不会产生任何影响。

4.4.2.6　叠加与运动特效

Premiere 中除了"视频 1"轨道，其他视频轨道都是叠加轨道，可以在叠加轨道上加入其他视频素材，使节目更富于变化。通过【运动】对话框，能轻易地将各个轨道上的图像（或视频）进行移动、旋转、缩放或变形，让图像（或视频）产生运动效果。

（1）将【项目】窗口中的"Koala. jpg"图像拖放到"视频 2"轨道上。使图像左侧位置与"Wildlife. wmv"文件相同。拖动 Koala 剪辑边缘，将其右侧调整到与"Wildlife. wmv"文件相同。Koala 添加到视频后的效果如图 4 – 20 所示。

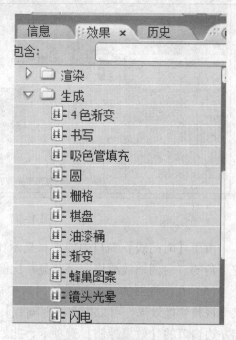

图 4 – 19　视频特效选择

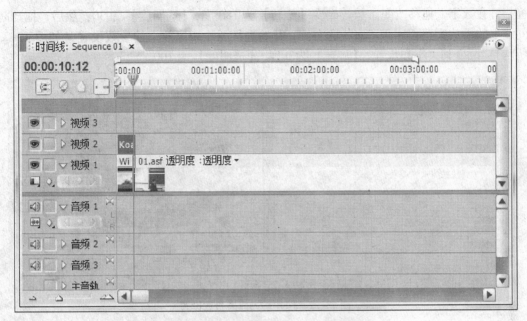

图 4－20 koala 添加在视频 2 轨道的效果图

（2）在监视器的【时间线】窗口中可以预览。

在 Premiere 中，视频轨道越向上优先级越高，上面轨道的视频会将下面轨道上的视频遮住，由于没有对"视频 2"上的图像做"透明度"设置，所以通过监视器窗口看到"视频 2"轨道上的 koala 将"视频 1"轨道上的"Wildlife. wmv"内容遮住了。

（3）拖动时间线上的播放头至"Koala. jpg"左侧，通过先后单击"视频 2"轨道上的"Koala. jpg"、监视器左侧窗口【效果控制】选项卡、选项卡上的【运动】图标，使监视器【时间线】窗口中的 koala 被选中。选中后的效果如图 4－21 所示。

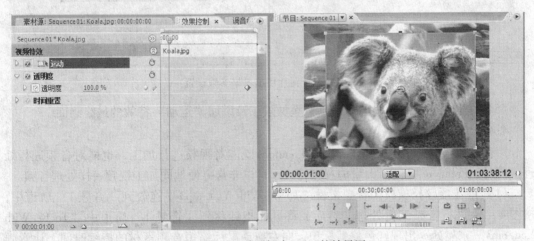

图 4－21 运动图标中 koala 的效果图

（4）单击【位置】（或"比例"、"旋转"、"定位点"）左侧的"固定动画"按钮，右侧会出现"添加/删除关键帧"　　　　按钮。拖动时间线上的播放头至"koala. jpg"的中间，开始进行图片切入效果的参数设置（如图 4－22 所示）：单击按钮添加关键帧，鼠标指针在数字上拖移改变参数，改变【旋转】为180度，【透明度】为30；然后，拖动时间线上的播放头至"koala.jpg"的右侧，开始进行图片切出效果的参数设置（如图4-23所示）：改变其大小和位置，【旋转】为0度，【透明度】为100。

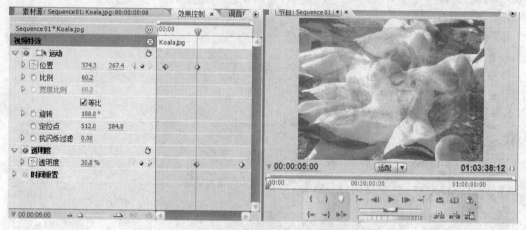

图4-22 图片切入效果参数设置

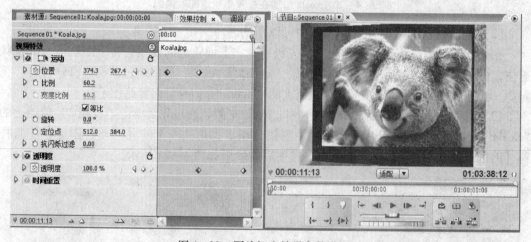

图4-23 图片切出效果参数设置

（5）在监视器的时间线窗口中预览叠加效果及添加"运动"特效的最终画面。

4.4.2.7 添加声音

声音是数字电影不可缺少的部分，Premiere既能对视频进行加工，也能对音频进行处理。同时，Premiere提供了大量的音频特效，可以非常方便地同加工视频一样处理音频。

（1）将【项目】窗口中音频素材"To Be With You. mp3"拖放到"音频1"轨道中，按图4-24进行音频编辑处理。然后，将鼠标指针移到"音频1"轨道中"To Be With You. mp3"末尾处，出现红色修剪标识，向左拖动鼠标缩短音频素材的持续时间，让音频右侧与"01. asf"右侧对齐。

（2）在监视器的【时间线】窗口中单击【播放】按钮预览效果。

4.4.2.8 添加字幕

数字电影的开头或结尾一般会出现字幕，以显示相关信息。在Premiere中添加静止字

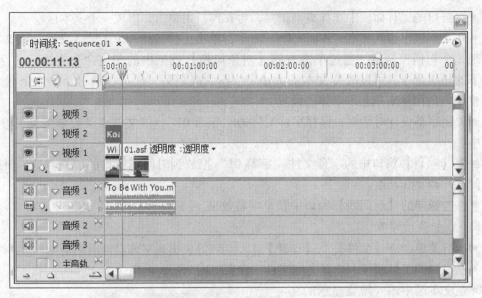

图 4 – 24　音频处理

幕或滚动字幕非常方便。Premiere 中字幕是以文件形式存在的，可以与其他类型的素材一样被导入到【时间线】窗口中进行编辑。

　　A　添加静止字幕

　　● 执行菜单命令【文件】|【新建】|【字幕】，出现如图 4 – 25 所示的字幕设计对话框。

图 4 – 25　字幕设计对话框

●在窗口的工具面板中选择类型工具,再在窗口内单击,出现一个文本区。

●在文本区中输入文本"Adobe Premiere",单击选择工具,单击输入文本,在文本周围出现8个句柄控制点,通过单击右侧【对象风格】框架内的相应命令或执行【字幕】菜单下的相应命令,可以改变文本的大小、字形、颜色等。还可以通过单击左下角"风格"框架内的图标实现艺术字体的设置。

●关闭字幕设计对话框,保存字幕文件为"字幕01",该文件自动被添加到【项目】窗口中。

●将【项目】窗口中的字幕文件"字幕01"拖放到时间线窗口的"视频3"轨道的最左侧,并调整其长度。

●在监视器的【时间线】窗口中预览字幕效果。

B　添加滚动字幕

●执行菜单命令【文件】|【新建】|【字幕】,出现字幕设计对话框。

●在窗口的工具面板中选择类型工具,在窗口内单击,出现一个文本区。

●在文本区中输入需要显示的文本内容。

●单击左上角"滚动/游动选项"按钮,出现"滚动/游动选项"对话框,如图4-26所示,设置滚动参数。

●关闭字幕设计对话框,保存字幕文件为"字幕02"。

●将【项目】窗口中的字幕文件"字幕02"拖放到时间线窗口"字幕01"的左侧,并改变其播放长度。

●在监视器的【时间线】窗口中预览字幕效果。

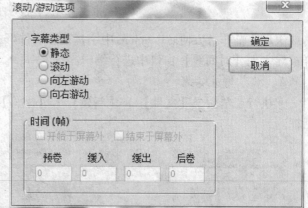

图4-26　滚动/游动选项对话框

4.4.2.9　输出影片

上述过程执行【文件】|【保存】命令保存的是∗.proproj文件,该文件保存了数字电影编辑状态的全部信息,以后可以打开并继续编辑电影。预览需要在监视器的【时间线】窗口中进行,不能脱离Premiere平台。为了生成能够独立播放的电影文件,必须将时间线中的素材合成输出为影片。

(1)执行菜单命令【文件】|【导出】|【影片】,弹出【导出影片】对话框,如图4-27所示,默认类型为∗.avi文件。

(2)如果需要重新设置输出电影的类型,可单击【导出影片】对话框中的"设置"按钮,弹出【导出影片设置】对话框,在【常规】区域中选择其他类型,如图4-28所示。

(3)单击【导出影片设置】对话框的是【视频】选项,在【视频】区域【压缩】的下拉列表中可以选择所需的编码方法。

(4)设置完成后,在【导出影片】对话框中输入文件名,单击【保存】按钮,Premiere开始对当前作品进行渲染输出。

图 4-27　导出影片对话框

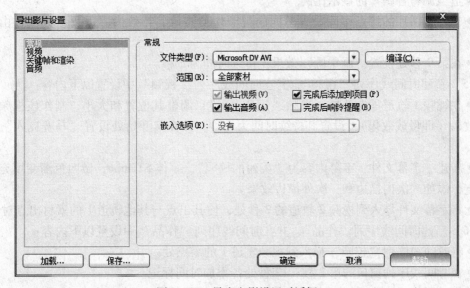

图 4-28　导出电影设置对话框

4.5　案例导航

4.5.1　校园风光短片制作实例

实例任务：制作校园风光短片，搜集相关素材，掌握 Premiere 的项目素材编辑方法、视频切换特效的添加与设置、运动特效的设置等基本操作过程。

实例制作步骤：

（1）新建项目文件并以自己的姓名 1 命名（如"张三 1. prproj"），将"载入预置"设为：DV – PAL 标准 48kHz（我国电视标准制式）。

（2）将文件夹中整理好的所有素材导入项目窗口。

（3）将时间线序列 1 重命名为"校园"，并在时间线序列"校园"中设置以下内容：

● 在视频 1 轨道零点处导入图片"云 . tif"，并设置其持续时间为 3 秒；适当调整其位置和大小。

● 在视频 2 轨道零点处导入图片"校园 . jpg"，使其与"云 . tif"首尾对齐；适当调整其位置和大小。

● 为"校园 . jpg"添加合适的特效将"校园"作抠图处理。

● 为视频 1 轨道的"云 . tif"添加"扭曲"视频特效中的"边角固定"特效（分别在 00：00：00：00 和 00：00：02：24 处设置其四角的位置关键帧来实现流云的效果）。

（4）新建时间线序列"图片"，并在时间线序列"图片"中设置以下内容：

● 在视频 1 轨道中导入"01. jpg"，并设置其持续时间为 3 秒。

● 在时间线序列窗口的时间线：第 3 秒、第 5 秒、第 7 秒处设置时间标志。

● 分别将"02. jpg"导入到视频 1 轨道的第 3 秒处、"03. jpg"导入到视频 1 轨道的第 5 秒处、"04. jpg"导入到视频 1 轨道的第 7 秒处且持续时间为 2 秒。

● 适当调整各图片的显示比例。

● 在各张图片的接点中间设置不同的视频切换特效，特效内容以及参数值自由发挥设置。

● 在第 9 秒处设置"画中画"效果，持续时间为 2 秒。

（5）新建时间线序列"视频"，并在时间线序列"视频"中设置以下内容：

● 在视频 1 轨道零点处导入视频"短片 . avi"，调整其位置和大小，制作该视频的慢镜头效果（即慢放效果）：设置其持续时间为 5 秒，并在其开始处设置"马赛克入"视频特效。

● 新建一字幕文件：字幕内容为"美丽的校园"，字体 STHupo，做四色渐变填充，颜色自定，添加一次内描边和一次外描边效果。

● 将字幕文件导入到视频 2 轨道的 2 秒处，使其出点与其他轨道上的素材出点对齐。

（6）新建时间线序列"作品"，并在时间线序列"作品"中设置以下内容：

● 将时间线序列"校园"插入到视频轨道 1 的零点处。

● 在时间线序列窗口的第 2 秒、12 秒处各添加时间标记。

● 将时间线序列"图片"插入到视频轨道 2 的第 2 秒处。从 00：00：02：00 到 00：00:03：00 设置视频的淡入效果（提示：可以通过设置透明度的关键帧来实现），从 00：00：12：00 到 00：00：13：00 设置视频的淡出效果。

● 将时间线序列"视频"插入到视频轨道 1 的第 12 秒处。

● 删除音频轨道中的所有内容。

● 将"年轻的白杨 . mp3"放入音频轨道 1 中，进行"音频增益"处理（标准化最大峰值 0db）；将超出视频部分的音频删除，使音频部分和视频部分对齐。

（7）保存项目文件。

4.5.2 电子相册的设计与制作实例

实例任务： 用 Premiere 将整理好的摄影照片或艺术创作图片组织成一个图、文、声并茂的视频文件。要求添加必要的视频切换效果、视频特效及运动特效和必要的字幕及背景音乐效果。

实例制作步骤：

（1）新建项目，选择【装载预置】选项卡中的【DV - PAL】预置模式下的【Standard 32kHz】选项，【位置】选择适当的存储路径，【名称】文本框输入"电子相册"。

（2）导入素材，在【输入】对话框中，【查找范围】选择整理好的相片素材，然后单击【打开】按钮，将素材导入到【项目】窗口中。

（3）添加静止字幕，在【Adobe 字幕设计】对话框的文本区中输入文本（相关相片素材的说明）；单击选择工具，选择【风格】栏左边起第二个风格，通过【对象风格】栏【填充】下的【颜色】按钮更改文本颜色，通过拖移句柄控制点调整文本大小，将文本拖移至合适位置。关闭【Adobe 字幕设计】对话框，保存字幕文件为"title"，该文件自动被添加到【项目】窗口中。

（4）添加滚动字幕，在滚动字幕活动区的编辑区输入相应文本，通过拖移句柄控制点调整字幕滚动区大小。选择【风格】栏左边第二个风格，用【对象风格】栏【填充】下【颜色】按钮更改文本颜色。在【字体大小】右边数字上拖移更改大小，将文本拖移至合适位置，执行菜单命令【字幕】|【左滚】|【上飞】选项，设置好各项参数，关闭【Adobe 字幕设计】对话框，保存字幕文件为"end"，该文件自动被添加到【项目】窗口中。

（5）将导入的图片和创建的字幕拖放到视频轨道上，单击工具窗口中的选择工具，移动鼠标到各个剪辑的尾部，按住鼠标左键左右拖动，调整其持续时间。两个字幕均为6秒，图片均为3秒。在轨道上拖移剪辑，使相邻间隔均为1秒。

（6）在各个视频剪辑之间添加合适的视频切换效果。

（7）为"title"剪辑添加"视频特效/光效/闪电效果"。

（8）为"title"剪辑添加运动特效。时间线上的播放头在"title"最左侧时，为【运动】中【位置】添加关键帧，字幕在监视器窗口左边的外部；播放头在2秒时，添加位置关键帧，字幕在监视器中央。

（9）为影片添加背景音乐。将要添加的音频文件导入到【项目】窗口中，然后将其拖放到时间线的"音轨1"轨道上。将时间线上的播放头拖移至"end"剪辑最右侧，选择剃刀工具，在"音频1"轨道上播放头编辑线所在位置处单击，然后把右侧一段删除。

（10）输出影片。执行菜单命令【文件】|【输出】|【Adobe Media Encoder】，在弹出的【转码设置】对话框中【格式】选择【MPEG1】，其他选项默认，单击【确定】按钮。在出现的【Save File】对话框中【保存在】选择当前项目文件所在的文件夹，【文件名】文本框输入"电子相册"，单击【保存】按钮。计算机自动进行"渲染"，在文件夹生成"电子相册.mpg"数字视频文件。

习　题

4-1 什么是视频？简述视频图像的数字化过程。

4-2 数字化视频的优点有哪些？

4-3 什么是线性编辑，什么是非线性编辑？

4-4 利用非线性视频编辑系统建立视频的过程包括哪些主要步骤？

4-5 准备两个视频素材，用 Premiere 在两个视频素材之间加入切换效果，并且在影片中加入滚动字幕。

4-6 以"大学生活"为主题搜集素材，并利用 Premiere 制作一本图、文、声并茂的电子相册。

5　动画制作

+-+

【学习提示】

◆学习目标

➤了解动画及 Flash 动画的相关概念

➤熟悉 Flash 软件的基本操作方法

➤掌握 Flash 补间动画、遮罩动画、引导动画及交互式动画的制作方法和技巧

◆核心概念

动画；Flash 动画；时间轴；图层；元件；补间；遮罩层；引导层；动作脚本

◆视频教程

Flash 视频教程参考网址：http：//www. 51 zxw. net/list. aspx？cid = 305

+-+

5.1　动画制作基本知识

5.1.1　动画的定义及分类

动画本质上是连续播放的一系列静止画面。画面的连续播放既要保证时间上的连续性，也要保证画面内容上的连续性。与电影、电视一样，动画的形成依托于人类视觉系统所具有的"视像暂留"特性——观察景物时，人眼睛在看到的影像消失后，仍能将其影像继续保留 0.1～0.4 秒的时间，形成残留的视觉"后像"。利用视觉系统这一"视像暂留"特性，在前一幅画面还没有消失前继续播放出后一幅画面，一系列静态画面就会因视觉暂留作用而给观看者造成一种连续的视觉印象，产生逼真的动感，造成一种流畅的视觉变化效果。因此，电影拍摄播放时采用每秒 24 幅画面的速度，电视拍摄播放时也采用每秒 25幅（PAL 制）或 30 幅（NSTC 制）画面的速度。如果拍摄播放的速度低于每秒 24 幅画面，就会出现停顿现象。

按照视觉形式，动画一般分为二维动画（平面动画）和三维动画（立体动画）两类。

（1）二维动画。二维动画通常是每秒播放 24 张。这种类型的动画又分为以传统手绘为主要方式的动画和电脑二维动画。二维动画的技术基础是"分层"技术。传统手绘二维动画中，将运动的物体和静止的背景分别绘制在不同的透明胶片上，再叠加在一起拍摄。这样不仅减少了绘制的帧数，同时还可以实现透明景深和折射等不同的效果。电脑二维动画中，将运动的物体画面和静止的背景画面分别置于同一时间轴的不同图层，以保证不同画面在同一时刻出现。

市场上出现了很多优秀的二维动画代表作品，如美国的《辛巴达七海传奇》、《狮子王》、中国的《七色鹿》、《大闹天宫》等。

（2）三维动画。三维动画是利用计算机强大的图形图像计算和处理能力来模拟现实的动画。首先，动画设计师借助计算机软件，建立一个虚拟三维世界，在虚拟世界中按照要表现的对象的形状尺寸建立模型以及场景；再根据要求设定模型的运动轨迹、虚拟摄像机的运动参数和其他动画参数；最后，按要求为模型附上特定的材质，并打上灯光，让计算机自动运算，生成最后的画面。三维动画具有精确性、真实性和无限的可操作性，目前在医学、教育、军事、娱乐等诸多领域得到了广泛运用。1995 年，皮克斯制作的动画片《玩具总动员》标志着动画进入三维时代。

按艺术表现形式，动画一般分为黏土动画、油画动画、水彩动画、水墨动画、剪纸动画和木偶动画六类。

（1）黏土动画。黏土动画是定格动画的一种，以黏土为主要材料来进行动画创作，通过逐帧拍摄制作而成。一部黏土动画的制作包括了脚本创意、角色设定和制作、道具场景制作、拍摄、合成等过程。黏土动画在前期制作过程中，主要依赖于手工制作。手工制作决定了黏土动画具有淳朴、原始、色彩丰富、自然、立体、梦幻般的艺术特色。黏土动画是一种集中了文学、绘画、音乐、摄影、电影等多种艺术特征于一体的综合艺术表现。《小鸡快跑》是黏土动画的代表作。

（2）油画动画。油画动画基于油画绘制。这种动画既可以表现写实的题材，也可以表现抽象的题材，但制作繁琐，每个画面都要用油画绘制出来。《老人与海》就是用油画制作的动画片。人们在观赏这类动画片的同时，也在观赏着一幅幅优美的油画作品。

（3）水彩动画。水彩动画是用水彩这种绘画材料制作的动画，制作方法类似于油画动画。

（4）水墨动画。水墨动画是中国艺术家创造的动画艺术新品种。它以中国水墨画技法作为人物造型和环境空间造型的表现手段，运用动画拍摄的特殊处理技术把水墨画的形象和构图逐一拍摄下来，通过连续放映形成浓淡虚实活动的水墨画影像的动画片。1961 年 7 月，中国第一部水墨动画片《小蝌蚪找妈妈》由上海美术电影制片厂摄制成功。

（5）剪纸动画。剪纸动画将中国民间剪纸艺术运用到美术片设计制作是中国特有的一种美术片。剪纸动画又称剪纸片，是在皮影戏和民间剪纸等传统艺术的基础上发展起来的一种美术电影样式。影片色彩明快，造型具有民间剪纸风格。《猪八戒吃西瓜》、《狐狸打猎人》是剪纸动画代表作。

（6）木偶动画。木偶动画是在木偶戏的基础上发展起来的，是以立体木偶而非平面素描或绘画来拍摄的动画。动画中的木偶一般采用木料、石膏、橡胶、塑料、钢铁、海绵和银丝关节器制成，以脚钉定位。拍摄时，将一个动作依次分解成若干个环节，用逐格拍摄的方法拍摄下来，通过连续放映还原为活动的形象。传统木偶动画的表演模式，带有很强的假定性，面部表情不变，形体动作机械得非常夸张，强调戏剧性。木偶动画的代表作有《夜半鸡叫》、《神笔》、《阿凡提的故事》等。

5.1.2　Flash 动画的特点及相关概念

Flash 动画制作简单、快捷，文件小，能实现网络互动功能，适用于网络小影片播放，是目前网络上最流行的一种交互式动画格式。通常，Flash 动画采用 Macromedia 公司开发的 Flash Player 播放器播放，可直接嵌入网页的任一位置，使用非常方便。Flash 动画的应用领域主要有娱乐短片、片头、广告、MTV、导航条、小游戏、产品展示、应用程序界面开发、网络应用程序开发等方面。

Flash 动画把场景可视工作区当作舞台，将诸如文字、图形、影片剪辑等表演对象以实体形式在场景中展现。Flash 动画使用图层来确定舞台上各个对象的前后次序，并分解对象中不同动画效果构件。使用时间轴确定各个对象出场的顺序，以帧的形式记载动画变化的规律。通常，Flash 动画具有如下特点：

（1）支持矢量图形，可以实现图形任意尺寸的缩放而不影响画面质量。

（2）采用流式播放技术，使得动画可以边播放边下载。

（3）关键帧和矢量图形的使用，使得所生成的动画（.swf）文件非常小，几 k 字节的动画文件已经可以实现许多令人心动的动画效果，用在网页设计上不仅可以使网页更加生动，而且下载迅速，使得动画可以在打开网页很短的时间里就得以播放。

（4）融合音乐、动画、声效、交互方式于一体，可实现许多令人叹为观止的动画效果。而且，Flash 支持 MP3 的音乐格式，使得加入音乐的动画文件也能保持小巧的"身材"。

Flash 动画涉及以下相关概念。

5.1.2.1 场景、影片、动画元素

场景是指电影、戏剧作品中的各种场面，由人物活动和背景等构成。Flash 动画通常是由多个场景中的动作组合成的一部连贯的电影。

影片是指活动的形象连续放映在银幕上。Flash 影片是指最终的 Flash 作品，一般是指以 SWF 为扩展名的动画文件。

动画元素是指构成 Flash 动画的所有最基本的因素，包括形状、元件、实例、声音、位图、视频、组合等。

5.1.2.2 舞台、时间轴、图层

舞台就是工作区，是放置动画内容的可编辑区域。在这里，可以直接绘图，或者导入外部图形文件进行编辑，再把各个独立的帧合成在一起，以生成电影作品。在【属性】面板中可以设置和改变"舞台"的大小。默认状态下，"舞台"的宽为 550 像素，高为 400 像素。

时间轴用于组织和控制文档内容在一定时间内播放的图层数和帧数。通过时间轴，可以查看每一帧的情况，调整动画播放的速度，安排帧的内容，改变帧与帧之间的关系，从而实现不同效果的动画。

图层可看成是叠放在一起的多张透明的幻灯胶片，每个层中都排放着独立的对象。如果当前层上没有任何画面，就可以透过它直接看到下一层的画面。借助图层，可以更好地安排和组织图形、文字和动画。在某一个图层上绘制和编辑对象，不会影响其他图层上的对象。在放映时，观众看到的是各个图层合成后的效果。

5.1.2.3 帧、帧速率（帧频）

Flash 动画是一幅幅静态的图片连续播放产生的一种视觉效果。产生动画的最基本元素是那些画格上静止的图片，即帧（Frame）。一个个连续的帧快速的切换就形成了一段动

画。帧一般分为三种：关键帧、普通帧和过渡帧。

动画播放的速度，即动画每秒播放的帧数，称为帧速率（帧频）。一般选择每秒 12 ~ 15 帧；应用到 PAL 制数码视频中动画，则需要选择每秒 25 帧；应用到 NTSC 制数码视频中动画，则需要选择每秒 30 帧。

5.1.2.4　元件、库、实例

元件是 Flash 动画制作最基本、重要的元素。元件只需创建一次，即可在当前影片或其他影片中以实例形式被重复使用。元件中可以包含位图、图形、组合、声音甚至是其他元件，但不可以将元件置于其自身内部。每个元件都具有独立的时间轴、工作区和图层。

库是用来贮存元件符号的，它既可以贮存 Flash 中生成的元件符号，也可以贮存从别处导入到 Flash 中的元件符号。在 Flash 中创建的所有元件都会出现在库面板中。

应用于影片的元件称为实例。放置在场景中或嵌套在另一个元件内的元件副本（如图形、按钮、影片剪辑、位图等）均为实例。拖拽库面板中的元件到场景，就得到实例。改变实例的尺寸及颜色与元件类型等操作，只对实例本身有效，不会影响到库面板中的元件。

Flash 动画中元件包括 3 种：图形元件、影片剪辑元件与按钮元件。每种元件类型都具有独特的属性。

（1）图形元件。图形元件主要用于定义静态的对象，它包括静态图形元件与动态图形元件两种。静态图形元件中一般只包含一个对象，在播放影片的过程中静态图形元件始终是静态的；动态图形元件中可以包含多个对象或一个对象的各种效果，在播放影片的过程中，动态图形元件可以是静态的，也可以是动态的。

（2）按钮元件。按钮元件主要用于创建响应鼠标事件的交互式按钮。鼠标事件包括鼠标触及与鼠标单击两种。可以将绘制的图形转换为按钮元件。在播放影片时，当鼠标靠近该图形时，光标就会变成小手状态。对按钮元件添加脚本语言，即可实现影片的控制。

（3）影片剪辑元件。影片剪辑元件是 Flash 中应用最为广泛的元件类型。一个影片剪辑元件可以理解为一个小动画。在影片剪辑元件中可以制作独立的影片，除了不能将元件置于其自身内部之外，制作影片的方法与在场景中制作影片的方法没有区别。

5.1.3　Flash 动画类型

5.1.3.1　逐帧动画

在时间帧上逐帧绘制帧内容的 Flash 动画称为逐帧动画。时间轴上的每一帧按照一定的规律变化。逐帧动画非常灵活，几乎可以表现任何想表现的内容。

创建逐帧动画有多种方法，例如：

（1）导入静态图片建立逐帧动画。用 jpg、png 等格式的静态图片连续导入到 Flash 中，就会建立一段逐帧动画。

（2）绘制矢量逐帧动画。在场景中一帧帧的画出各帧内容。

（3）建立文字逐帧动画。用文字作为帧中的元件，实现文字跳跃、旋转等特效。

（4）建立指令逐帧动画。在时间帧面板上，逐帧写入动作脚本语句来完成元件的变化。

（5）通过导入序列动画建立帧动画。可以导入 gif 序列图像、swf 动画文件或者利用第三方软件（例如 swish、swift 3D 等）产生的动画序列。

5.1.3.2 补间动画

补间动画又称做中间帧动画，分为动作补间动画和形状补间动画两种。动作补间是由一个状态到另一个状态的变化过程，比如移动位置、改变大小、改变角度等。形状补间是由一个物体到另一个物体间的形状变化过程，比如由三角形变成四方形等。时间轴上，动画补间表现为淡紫色背景加一个黑色箭头的形式，形状补间表现为淡绿色背景加一个黑色箭头的形式。

A 动作补间动画

在一个关键帧上放置一个元件，并在另一个关键帧改变这个元件的大小、颜色、位置、透明度等属性后，Flash 根据两个关键帧的值创建的动画称为动作补间动画。构成动作补间动画的元素是元件，包括影片剪辑、图形元件、按钮、文字、位图、组合等，但不能是形状，只有把形状组合或者转换成元件后才可以做动作补间动画。

在时间轴面板上动画开始播放的地方，创建或选择一个关键帧并设置一个元件；在动画要结束的地方，创建或选择一个关键帧并设置该元件的属性，再单击开始帧，在【属性】面板上单击【补间】旁边的小三角，在弹出的菜单中选择【动作】，或单击右键，选择【创建补间动画】，就建立了"动作补间动画"。

B 形状补间动画

在 Flash 的时间帧面板上，在一个时间点（关键帧）绘制一个形状，然后在另一个时间点（关键帧）更改该形状或绘制另一个形状，Flash 根据两者之间的帧的值或形状来创建的动画称为形状补间动画。形状补间动画可以实现两个图形之间颜色、形状、大小、位置的相互变化，其变形的灵活性介于逐帧动画和动作补间动画两者之间，使用的元素多为绘制的形状，如果使用图形元件、按钮、文字，则必先"打散"、再变形。

在时间轴面板上动画开始播放的地方创建或选择一个关键帧并设置要开始变形的形状，一般一帧中以一个对象为好，在动画结束处创建或选择一个关键帧并设置要变成的形状，再单击开始帧，在【属性】面板上单击【补间】旁边的小三角，在弹出的菜单中选择【形状】，此时，一个形状补间动画就创建完毕。为了减少首尾关键帧中图形的差异，可以利用"形状提示"工具，通过执行【修改】|【形状】|【添加形状提示】命令，在"起始形状"和"结束形状"中添加相对应的"参考点"，以使 Flash 在计算变形过渡时依一定的规则进行，从而较有效地控制变形过程。

5.1.3.3 遮罩动画

遮罩动画是利用"遮罩层"有选择地显示位于其下方的"被遮罩层"中的画面内容的动画。遮罩的实现关系到两个图层，上面的是遮罩层，下面的是被遮罩层。遮罩层犹如一扇窗口，遮罩的效果就是通过遮罩层这扇窗看被遮罩层的内容。遮罩动画中，"遮罩层"只有一个，"被遮罩层"可以有任意个。

创建遮罩动画时，首先要创建遮罩层。最简单方法就在某个需要设置成遮罩层的图层上单击右键，在弹出菜单中的"遮罩"前打个勾，该图层就会变成遮罩层，该层图标就会从普通层图标变为"遮罩层"图标。同时，遮罩层下面一层会自动缩进，成为"被遮罩层"。如果希望关联更多层被遮罩，只要把这些层拖到"遮罩层"下面即可。

5.1.3.4 引导动画

将一个或多个层链接到一个运动引导层，使一个或多个对象沿同一条路径运动的动画形式，称为"引导动画"。这种动画可以使一个或多个元件完成曲线运动或不规则运动。引导动画由"引导层"和"被引导层"两个图层组成。引导层是用来指示元件运行路径，该层中的内容可以是用钢笔、铅笔、线条、椭圆工具、矩形工具或画笔等工具绘制出的线段。被引导层中的对象沿着引导线运动的。引导层中的对象可以是影片剪辑、图形元件、按钮、文字等整体对象，但不能是形状。被引导层中最常用的动画形式是动作补间动画。引导线是一种运动轨迹。当播放动画时，一个或数个元件将沿着运动轨迹移动。

　　创建引导动画时，首先要创建引导层。在普通图层上单击时间轴面板中的"添加运动引导层"按钮，该层的上面就会添加一个引导层。同时，引导层下面一层会自动缩进，成为"被引导层"。在引导层上绘制对应运行路径的引导线，并将被引导层的被引导对象起始位置和终止位置的中心控制点附着在"引导线"上。

5.2　动画制作软件 Flash

　　1998 年，MICROMEDIA 公司推出了 Flash 这个改变网络景观的动画制作软件。经过 Flash 编辑的动画软件发布的文件本身都非常小，并且基于矢量图形，可以无限放大而图像质量不会发生变化，非常适合插入网页之中产生动态效果。Flash 还可将动画输出成 AVI 文件，在电视机或者影碟机上播放。

5.2.1　Flash 的工作界面

　　Flash 8.0 的工作窗口由标题栏、菜单栏、工具箱、舞台工作区，以及文档属性卡、时间轴、动作面板、库面板等部分组成。主菜单命令有文件、编辑、视图、插入、修改、文本、命令、控制、窗口和帮助等。首次进入 Flash 8.0 的工作界面如图 5 - 1 所示。

5.2.1.1　文档属性对话框

　　选择"Flash 文档"后，进入图 5 - 2 所示【文档属性】对话框。对话框中参数的含义如下：

　　【标题】：设置文档的标题。

　　【描述】：对影片的简单描述。

　　【尺寸】：舞台的尺寸最小可设定成宽 1px（像素）、高 1px（像素），最大可设定成宽 2880px（像素）、高 2880px（像素）。

　　【匹配】｜【打印机】：匹配打印机，让底稿的大小与打印机的打印范围相同。

　　【匹配】｜【内容】：匹配内容，将底稿缩放成和画面上的对象大小一样。

　　【匹配】｜【默认】：使用默认值。

　　【背景颜色】：设置舞台的背景颜色。

　　【帧频】：默认的是每秒 12 帧。在设计一些特殊效果的课件时，可以更改这个数值，数值越大动画的播放速度越快。

　　【标尺单位】：标尺是显示在场景周围的辅助工具，以标尺为参照可以使绘制的图形更精确。

　　【设为默认值】：将所有设定值保存为默认值，下次当再开启新的影片文档时，影片的舞台大小和背景颜色会自动调整成这次设定的值。

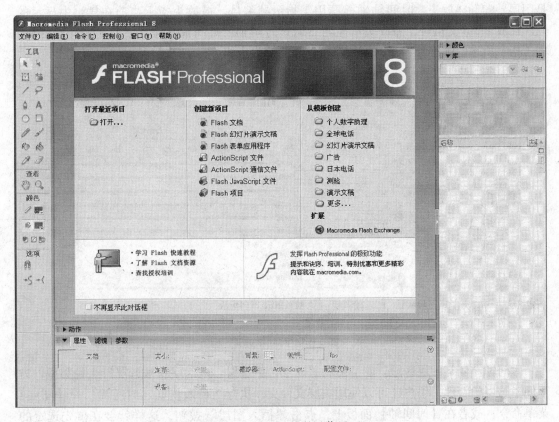

图 5 - 1 Flash 8.0 的工作界面

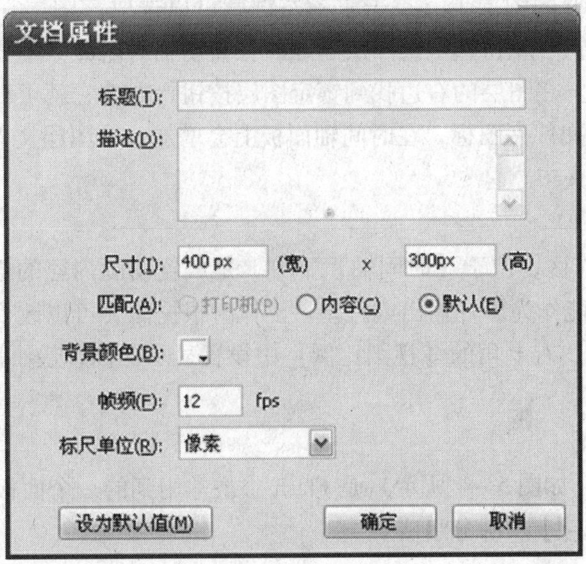

图 5 - 2 文档属性对话框

5.2.1.2 时间轴

时间轴是 Flash 中最重要的工具之一。【时间轴】面板（如图 5 - 3 所示）的主要组件是图层、帧和播放头。时间轴轴标题用于指示帧编号。播放头指示当前在舞台中显示的帧。播放 Flash 文档时，播放头从左向右通过时间轴。时间轴状态显示在时间轴的底部，用于指示所选的帧编号、当前帧频以及到当前帧为止的运行时间。

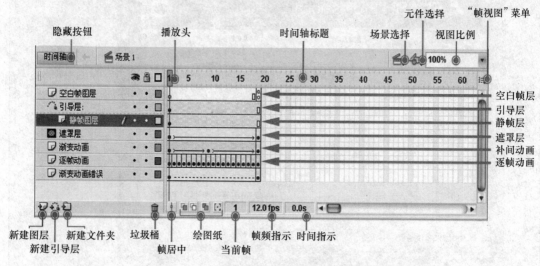

图 5－3　时间轴面板

时间轴左侧是图层区域。图层分为普通层、引导层、遮罩层和被遮罩层 4 种类型，为了便于图层的管理，用户还可以使用图层文件夹。执行【插入】｜【时间轴】｜【图层】菜单命令，或者在【时间轴】面板上，点击"插入图层"按钮，这样就会在事先选定的图层上方新建一个图层。在欲命名的图层名称上双击鼠标左键，可以更改这个图层的名字。将鼠标放到所需要的图层上，点击鼠标左键就可以选取该图层。在【时间轴】面板上，点击删除图层按钮，就将选定的图层删除。在需要临时隐藏某些图层时，可以将该层右边的眼睛图标关掉。在图层的右边找到锁定图层按钮，点选它就可以锁定图层。在【时间轴】面板上，点击文件夹图标，在时间轴面板上会增加一个图层文件夹，然后，可以将图层文件拖入到文件夹中。

5.2.1.3　舞台

【舞台】就是工作区，位于【时间轴】下方，是放置动画内容的矩形区域。只有放置舞台工作区的对象才能作为影片输出或打印。工作时根据需要可以改变舞台显示的比例大小，可以在【时间轴】右上角的【视图比例】中设置显示比例，最小比例为 8％，最大比例为 2000％。

5.2.1.4　工具箱

【工具箱】面板（如图 5－4 所示）是 Flash 中最常用到的一个面板，由【工具】、【查看】、【颜色】和【选项】4 部分组成。

（1）工具栏

【工具】栏包含了绘制图形、编辑图形和输入文字的 16 个工具，用鼠标单击某个工具按钮图标后，即可使用相应的工具。

●文本工具：文本工具是编辑文本和建立文字的工具，文本工具可以设置文字的字体、大小和色彩等等属性。Flash 8.0 为用户提供了方便的属性调整面板，在这个面板中集合了多种文字调整选项。

• 绘图工具：Flash 8.0 绘图工具中铅笔工具、线条工具、椭圆工具、矩形工具、刷子工具及钢笔工具。

• 图形编辑工具：图形编辑工具主要是用于对图形的外观进行调整和修改，其中包括橡皮擦工具、部分选取工具、选择工具、套索工具和任意变形工具。

（2）查看栏

【查看】栏有两个工具，用来调整舞台编辑画面的观察位置和显示比例。

（3）颜色栏

【颜色】栏用来确定绘图的颜色，可以用来设置填充物和线的颜色，也可以设置无填充物和无轮廓线。

（4）选择栏

【选项】栏放置了用于对当前激活的工具进行设置的一些属性按钮和功能按钮选项。

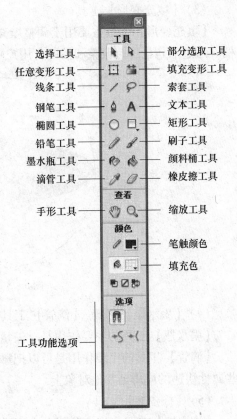

图 5-4　工具箱面板

5.2.2　几个重要工具

（1）【多角星形】工具

【多角星形】工具用于绘制多边形或星形。选择此工具后，在属性面板中单击"选项"按钮，打开图 5-5 所示的"工具设置"对话框。通过设置相应参数，可以绘制出不少于三个边的等边多边形或星形（如五角星）。

（2）【刷子】工具

【刷子】工具是一个方便用户设计艺术效果的工具，可以绘制不同颜色的图形，也可以为各种图形着色。刷子的颜色由填充色设置。【刷子】工具选项栏（如图 5-6 所示）包含有刷子模式（如图 5-7 所示）、锁定填充、刷子大小和刷子形状 4 个选项。

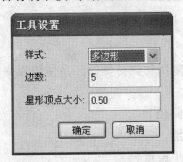

图 5-5　工具设置对话框

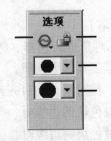

图 5-6　刷子工具选项

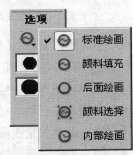

图 5-7　刷子模式

（3）【填充变形】工具

【填充变形】工具主要用于调整填充的渐变色的效果。图5-8给出了放射状填充的句柄。通过对句柄进行调整和控制，用户可以改变渐变色的效果。

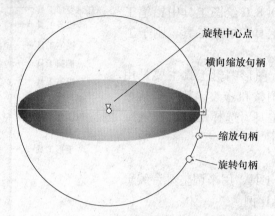

图5-8　放射状填充的句柄

（4）【墨水瓶】工具、【滴管】工具

【墨水瓶】工具的主要作用是对矢量线段的颜色及线型进行修改。

【滴管】工具的主要作用是可以把舞台上的矢量线段或矢量区域的属性吸取，再把这些属性快速的应用到其他对象上。

（5）【橡皮擦】工具

【橡皮擦】工具可以擦除舞台中不需要的图形部分。【橡皮擦】工具选项栏（如图5-9所示）有橡皮擦模式（如图5-10所示）、水龙头和橡皮擦形状选项。

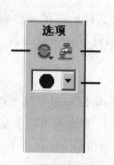

图5-9　橡皮擦工具选项

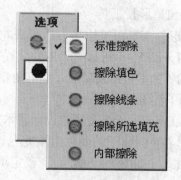

图5-10　橡皮擦模式

（6）【选择】工具、【部分选取】工具

【选择】工具主要用于对目标对象进行选择、移动、复制和调整操作，是使用频率较高的一类工具。图5-11给出了该工具3个选项：

- 贴紧至对象：移动对象时，使对象自动对齐到运动路径上。
- 平滑：调整矢量线段或矢量色块的边缘时，使之圆滑。
- 伸直：调整矢量线段或矢量色块的边缘时，使之产生棱角。
- 部分选取：调整线条上的节点，改变线条的形状。

（7）【套索】工具

【套索】工具主要用于对图形的部分区域或相近颜色区域的选取。图 5 – 12 给出了该工具 3 个选项：

- 魔术棒：用于选择图形上颜色相近的区域。
- 魔术棒设置：用于设置选择相近区域的容错度。
- 多边形模式：以封闭多边形方式选择颜色区域。

（8）【任意变形】工具

【任意变形】工具可以对图形进行旋转、倾斜、缩放、扭曲和封套操作，实现图形的任意变换效果。图 5 – 13 给出了该工具 4 个选项：

- 旋转与倾斜：调整图形的旋转角度和倾斜度。
- 缩放：调整图形的大小。
- 扭曲：调整图形的向某一方向的缩放程度。
- 封套：任意调整图形的形状细节，如弯曲程度。

图 5 – 11　选择工具选项

图 5 – 12　套索工具选项

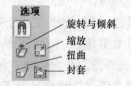

图 5 – 13　任意变形工具选项

5.2.3　素材的使用

5.2.3.1　位图的使用

在制作动画的过程中会经常使用位图。可以将位图导入到舞台或导入到库。所有的直接导入到文档中的位图都会自动地存放在该文档的【库】面板中。如果需要将导入的位图去掉背景，可以采用将其转换为矢量图的方法：首先，选中导入到舞台中的位图，再选择【修改】|【位图】|【转换位图为矢量图】菜单项，在弹出的【转换位图为矢量图】对话框（图 5 – 14）中，进行相应参数设置。

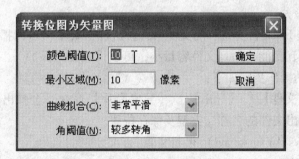

图 5 – 14　转换位图为矢量图对话框

5.2.3.2　音频的使用

声音是 Flash 动画中的一个重要元素，添加了声音的动画将更丰富多彩，更富有艺术表现力。将声音导入 Flash 中，进行声音属性设置和编辑后，即可引用声音。

声音属性设置时各种声音效果说明如下：

【无】：对声音文件不应用效果，选择此选项将删除以前应用过的效果。

【左声道】／【右声道】：只在左或右声道播放声音。

【从左到右淡出】／【从右到左淡出】：将声音从一个声道切换到另一个声道。

【淡入】：在声音的持续时间内逐渐增加其幅度。

【淡出】：在声音的持续时间内逐渐减小其幅度。

【自定义】：使用"编辑封套"创建声音的淡入和淡出点。

声音属性设置时，同步属性设置说明如下：

【事件】：将声音和一个事件的发生过程同步起来。事件声音在它的起始关键帧开始显示时播放，并独立于时间轴播放完整声音。即使 SWF 文件停止，事件声音也还会继续播放。当播放发布的 SWF 文件时，事件声音混合在一起。

【开始】：与【事件】选项的功能相近，但如果声音正在播放，使用【开始】选项则不会播放新的声音实例。

【停止】：将使指定的声音静音。

【数据流】：将同步声音，强制动画和音频流同步。与事件声音不同，音频流随着 SWF 文件的停止而停止，而且音频流的播放时间绝对不会长于帧的播放时间。

5.2.3.3　视频的使用

Flash 支持的视频格式有许多种，所支持的视频类型会因计算机上所安装的软件不同而不同。如果机器上已经安装了 QuickTime 4 和 DirectX 7 及其以上版本，则可以导入包括 MOV(QuickTime 影片)、AVI(音频视频交叉文件) 和 MPG/MPEG(运动图像专家组文件) 等格式的视频剪辑。

5.2.4　影片的导出与发布

5.2.4.1　影片的导出

完成 Flash 动画制作后，可以将其导出为各种不同类型的媒体文件（影片或图像），如 GIF 动画、Flash 影片、AVI 视频文件等。

A　导出 SWF 影片

SWF 文件格式是 Flash 自身特有的文件格式。这种格式不但可以播放出所有在编辑时设计的动画效果和交互功能，而且文件容量小，可以设置文件保护。

导出 SWF 影片的操作步骤如下：

从菜单中选择【文件】｜【导出】｜【导出影片】命令，会弹出"导出影片"对话框，要求用户确定导出文件的名称、类型及保存位置。

B　导出 Windows AVI(＊ . avi) 视频文件

将影片导出为 Windows 视频，会丢失所有的交互性。Windows AVI 是 Windows 影片的标准格式，如果需要在视频编辑应用程序中打开 Flash 动画，则该格式是非常好的选择。但是，由于 AVI 基于位图的格式，因此影片的数据量会非常大。

导出为 Windows 视频的操作步骤如下：

从菜单中选择【文件】｜【导出】｜【导出影片】命令，会弹出"导出影片"对话框，要求用户确定导出文件的名称、类型及保存位置，选择保存类型选项中的"Windows AVI(∗.avi)"，输入一个文件名，然后，单击"保存"按钮，会出现一个文件参数设置对话框，要求用户对导出文件的参数进行设置。

5.2.4.2　影片发布

设计好的 Flash 文档文件（∗.fla）能够以 SWF 或其他文件格式（如：GIF、JPEG、PNG 和 QickTime 格式）发布。通过设置发布格式，可将 Flash 文档发布为 SWF 文件，并将其插入 HTML 文档，方便利用浏览器播放；也可利用"发布"命令，将 Flash 文档发布为各种可以在网络中播放的图形文件和视频文件，或者发布为可以在没有安装 Flash 插件的浏览器中进行播放的动画文件，同时，还可以创建能独立执行的小程序，如 EXE 格式。

"发布"命令可以一次发布多个不同格式的文件。发布 Flash 动画作品的一般过程是：选择【文件】｜【发布设置】命令，在弹出的"发布设置"对话框中进行具体设置。注意：Flash 动画导出与发布的区别在于，导出得到的是多种类型的文件之一，而发布可以生成发布设置中勾选的多个文件。

例如，在"发布设置"中设置输出不带白色背景的 GIF 动画。其具体操作步骤如下：

（1）在"发布设置"对话框中的"格式"选项卡下，选中"GIF 图像（.gif）"复选框，然后单击"GIF"选项卡。

（2）在"GIF"选项卡下，如果是输出动画，则在"回放"栏处选中"动画"单选项，然后在"透明"栏中的下拉列表框的下拉列表中选择"透明"项（这是输出透明背景的关键设置），再在"抖动"下拉列表框中选择一种抖动方式，最后在"调色板类型"下拉列表框中选择一种调色板类型。

（3）单击"发布设置"对话框中的"发布"按钮，或者单击"确定"按钮后，选择【文件】｜【发布】命令。此时，在 Flash 所在文件夹或者指定的文件夹中，看到多了三个以"未命名 – 1"为文件名的文件（扩展名不同）。其中的"未命名 – 1.gif"就是输出的透明背景的 GIF 动画。

5.2.5　脚本基础

ActionScript 动作脚本是 Flash 特有的编程语言，主要用于为影片添加互动功能。用户可以在编辑过程中，将 ActionScript 动作脚本（如：动作、运算符和对象等）添加到影片里，再设置影片中的感应事件（如：点击按钮和按下键盘的某个键），从而触发这些动作脚本。

5.2.5.1　按钮事件处理函数

● on(release)：在鼠标指针经过按钮时释放鼠标按钮。

● on(press)：在鼠标指针经过按钮时按下鼠标按钮。

● on(releaseOutside)：当鼠标指针在按钮之内时按下按钮，然后将鼠标指针移到按钮之外时，再释放鼠标按钮。

● on(rollOver)：鼠标指针滑过按钮区域。

- on(rollOut)：鼠标指针滑出按钮区域。
- on(dragOver)：在鼠标指针滑过按钮时按下鼠标按钮，然后滑出此按钮区域，再滑回此按钮区域。
- on(dragOut)：在鼠标指针滑过按钮时按下鼠标按钮，然后滑出此按钮区域。
- on(keyPress"...")：按下指定的键盘按键（由引号中的参数指定，可以直接使用键盘按键对应的字母，例如："A"）。

5.2.5.2　常用时间轴控制函数

"时间轴控制"类包括9个简单函数。利用这些函数可以定义动画的一些简单交互控制。

- gotoAndPlay(scene, frame)：跳转到指定场景的指定帧，并从该帧开始播放。如果没有指定场景，则将跳转到当前场景的指定帧。参数 Scene 表示跳转至场景的名称，frame 表示跳转至帧的名称或帧数。例如，单击被附加了 on(release) 事件的动作按钮时，事件中的代码"gotoAndPlay(16)"会实现动画跳转到当前场景第16帧并且开始播放的功能；事件中的代码"gotoAndPlay("场景2", 1)"会实现动画跳转到场景2第1帧并开始播放的功能。
- gotoAndstop(scene, frame)：跳转到指定场景的指定帧并从该帧停止播放。如果没有指定场景，则将跳转到当前场景的指定帧。参数 Scene 和 frame 的含义同前。
- nextFrame()：跳至下一帧并停止播放。例如，单击按钮，跳到下一帧并停止播放的代码为：on(release) {　nextFrame();}。
- prevframe()：跳至前一帧并停止播放。
- nextScene()：跳至下一个场景并停止播放。
- PrevScene()：跳至前一个场景并停止播放。
- play()：指定影片从当前帧继续播放。在播放影片时，除非另外指定，否则从第1帧播放。如果影片播放进程被 GoTo(跳转) Stop(停止) 语句停止，则必须使用 play 语句才能重新播放。
- Stop()：停止当前播放的影片。该动作最常见的运用是使用按钮控制影片剪辑。例如，如果需要某个影片剪辑在播放完毕后停止而不是循环播放，则可以在影片剪辑的最后一帧附加 Stop 动作。这样，当影片剪辑中的动画播放到最后一帧时，播放将立即停止。
- StopAllSounds()：使当前播放的所有声音停止播放，但是不停止动画的播放。注意：被设置为流式格式的声音将会继续播放。

5.2.5.3　常用指令

（1）duplicateMovieClip(target, newInstanceName, depth)

影片剪辑复制语句。复制场景上指定的影片剪辑实例对象到舞台的指定层，并给复制得到的新实例对象一个新的实例名称及相应的深度值。参数 target 是初始影片对象的目标路径，newInstanceName 是新影片剪辑对象的名称，depth 是指定新影片剪辑对象在舞台上深度。

（2）setProperty(target, property, expression)

影片剪辑实例（target）的属性。参数 target 用来设置和改变影片剪辑实例对象的目标路径，property 为影片剪辑的属性，expression 为一个表达式，是属性的值。

（3）onClipEvent(movieEvent){statement(s);}

该语句用来设置触发为特定影片剪辑实例定义的动作。参数 movieEvent－是一个称为事件的触发器。当事件发生时，执行该事件后面大括号（｛ ｝）中的语句序列 statements。

（4）with(object){statement(s);}

该 with 语句使用 object 参数指定一个对象（例如影片剪辑），并使用 statement(s) 参数计算该对象内的表达式和动作。参数 object 参数是需控制的影片剪辑实例（对象）的目标路径，statement(s) 参数是控制影片剪辑元件的指令体。

（5）trace(expression)

表达式跟踪语句。将表达式的值传递给"输出"面板，在面板中显示表达式的值。

（6）if(condition1){statement(s);}[else[if(condition2)]{ statement(s);}]

该语句为分支语句，方括号内为可选项。

（7）while(condition){statement(s);} 或 do{statement(s);}while(condition)

while 循环语句。前者表示如果 condition 表达式的计算结果为 true，将执行语句体；后者表示先执行语句体一次，然后再计算 condition 表达式，如果表达式结果为 true，再执行语句体。

（8）break

强制退出循环语句。

（9）continue

强制回到循环开始处语句。

（10）for(init;condition;next){statement(s);}

for 循环语句。计算一次 init(初始化) 表达式，然后开始一个循环序列。循环序列从计算 condition 表达式开始。如果 condition 表达式的计算结果为 true，将执行语句体并计算 next 表达式。然后，循环序列再次从计算 condition 表达式开始。

（11）fscommand(command,parameters)

影片浏览器控制语句，也就是 Flash Player 的控制语句。配合 JavaScript 脚本语言，fscommand 命令成为 Flash 和外界沟通的桥梁，比如怎样使影片全屏幕播放、怎样在影片中调用外部程序等。参数项 command 是可以执行的命令，参数项 parameters 是执行命令的参数。

（12）getURL(URL[,Window,method])

给事件添加超级链接，包括电子邮件链接。调用网页的格式是在双引号中加入网址，调用邮件可以在双引号中加入"mailto："跟一个邮件地址，如"mailto：mymail @ 163. com"。参数 URL 是设置调用的网页网址。参数 window[可选] 用于设置浏览器网页打开的方式（4 种方式：_ self 表示在当前 SWF 动画所在网页的框架被新的网页所替换；_ blank 表示打开一个新的浏览器窗口；_ parent 表示如果浏览器中使用了框架，则在当前框架的上一级显示网页；_ top 表示在当前窗口中打开网页，返回框架最顶级）。

参数 method[方式] 用于发送变量的 GET 或 POST 方法（GET 方法将变量附加到 URL 的末尾，它用于发送少量的变量；POST 方法在单独的 HTTP 标头中发送变量，它用于发送长字符串的变量），如果没有变量，则省略此参数。

5.2.6 动作面板

【动作】面板有3种：帧的"帧—动作"面板、按钮的"动作—按钮"面板、影片剪辑实例的"动作—影片剪辑"面板。3种面板都一样，只是对不同对象编辑脚本时显示不同罢了。

5.2.6.1 动作面板的打开

执行主菜单栏的【窗口】|【动作】命令或按功能键"F9"，打开 Flash 8 的动作面板。如图 5-15 所示。

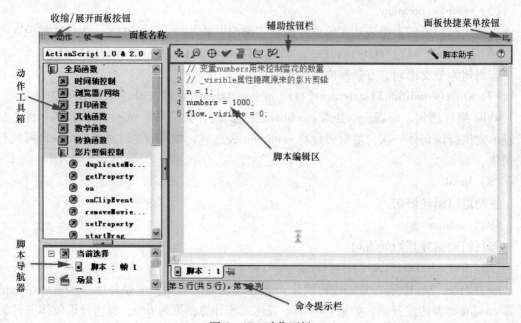

图 5-15 动作面板

5.2.6.2 【动作】面板的使用

【动作】面板主要由动作工具箱、脚本导航器和脚本编辑窗口三大部分组成。

A 动作工具箱（命令列表窗口）

该窗口位于面板的左上角，是放置各种 ActionScript 动作脚本的窗口。在该窗口中使用鼠标选择需要添加的动作脚本，然后双击该动作脚本，将其添加到程序编辑窗口中，在程序编辑窗口中的动作脚本就将在影片中产生作用。单击命令列表窗口上方的下拉菜单，可以选择在命令列表窗口显示的 ActionScript 动作脚本种类（"ActionScript1.0&2.0"、"Flash Lite 1.0 ActionScript"、"Flash Lite 1.1 ActionScript"）。

B 脚本导航器（目标列表窗口）

该窗口位于面板的左下角，如图 5-16 所示。在该窗口中，可快速选择需要添加动作脚本的目标元件或关键帧，从而节省了在场景中寻找及切换编辑窗口的操作时间，可大幅提高工作效率。

C 脚本编辑窗口

脚本编辑窗口是动作面板的主要组成部分，是编写程序的地方。在该窗口中的动作脚

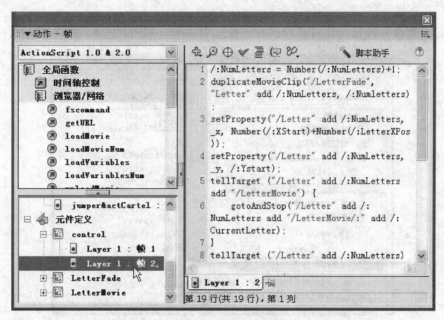

图5-16 脚本导航器

本将直接作用于影片，从而使影片产生互动效果。按下程序编辑窗口左上角的"将新项目添加到脚本中"按钮，可以在弹出的命令菜单中，快速地选择要添加的命令项目，如图5-17所示。

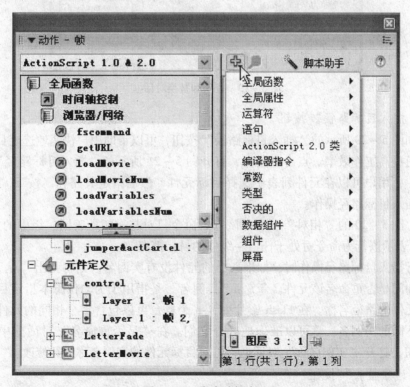

图5-17 脚本编辑窗口

D "查找" 按钮

单击 "查找" 按钮, 开启 "查找和替换" 对话框, 如图 5 - 18、图 5 - 19 所示。

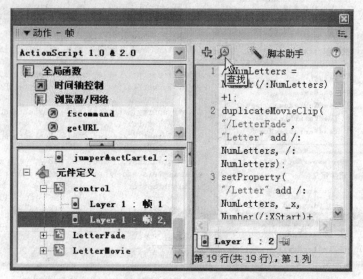

图 5 - 18 查找按钮

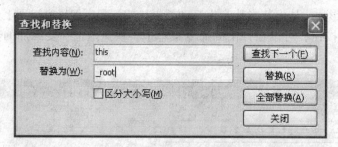

图 5 - 19 查找和替换对话框

E "插入目标路径" 按钮

使用如图 5 - 20 所示的 "插入目标路径" 按钮, 可以帮助用户快速地选定目标并指明路径, 从而提高工作效率。点击该按钮, 打开图 5 - 21 所示的 "插入目标路径" 对话框。在对话框中, 用户可以在元件列表中选择目标元件, 然后指定其路径, 按下 "确定" 按钮, 完成插入目标路径操作。

注意: 图 5 - 20 的 "相对" 项表示该行为命令只对与按钮处于同一级中的目标有效; "绝对" 项表示该行为命令对处于任何一级中的目标都有效。

在进行插入目标路径操作时, 如果选中的元件没有实例名, 则将弹出 "是否重命名" 对话框, 询问是否重命名该元件。注意: "实例名" 是指用于为动作脚本指定目标影片剪辑或按钮元件的路径名称。在 Flash 影片中, 一个舞台可以包含多个相同的元件, 将它们分别冠以不同的实例名, 就可以准确地区分它们。在 "是否重命名" 对话框中按下 "重命名" 按钮, 打开 "实例名称" 对话框, 可对目标元件的实例名称进行修改。

F "语法检查" 按钮

编辑完成时, 按下 "语法检查" 按钮, 可以对程序编辑窗口中的动作脚本进行检查,

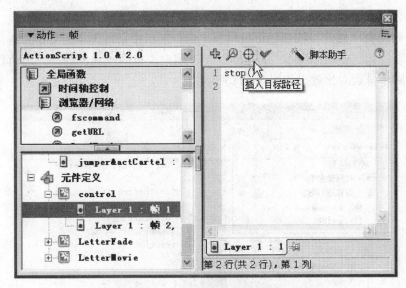

图 5-20　插入目标路径按钮

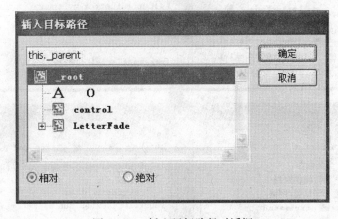

图 5-21　插入目标路径对话框

查找是否出现语法错误。如果存在语法错误，则将弹出警告对话框，并打开"输出"面板输出错误出现的地方及错误的数量，如图 5-22 所示。

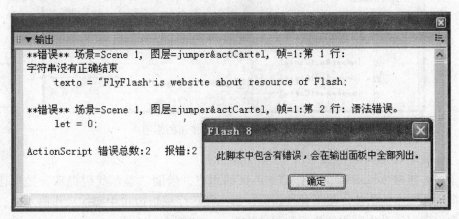

图 5-22　输出面板

G "自动套用格式"按钮

按下"自动套用格式"按钮,可以将程序编辑窗口中杂乱无章的动作脚本,按标准的使用格式重新排列,使动作脚本一目了然,便于用户进行修改和再编辑。自动套用格式按钮使用前后脚本排版对比效果如图5-23所示。

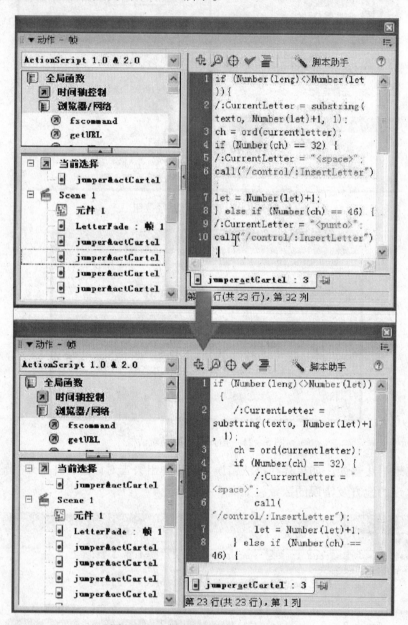

图5-23 自动套用格式按钮的使用

H "显示代码提示"按钮

对于一些接触 ActionScript 动作脚本不久的用户,借助"显示代码提示"按钮,可以快速掌握动作脚本的语法。按下此按钮后,每当在程序编辑窗口中添加动作脚本时,在其后面都会出现对该动作脚本的格式和用法的提示(如图5-24所示)。

图 5-24　显示代码提示按钮的使用

I　"调试选项"按钮

在"调试选项"按钮的下拉菜单中选择"设置断点"命令（如图 5-25 所示），可以在光标所在行前面设置一个红色的断点标记。设置断点后，该断点以下的动作脚本不发生作用，便于用户调试程序。执行"删除断点"命令，可以删除光标所在行的断点。执行"删除所有断点"命令，则会将动作面板中设置的所有断点删除。要注意的是，在进行程序编辑时，用户还可以使用鼠标单击动作脚本前面的行号，快速创建断点，再次鼠标单击，删除相应的断点。

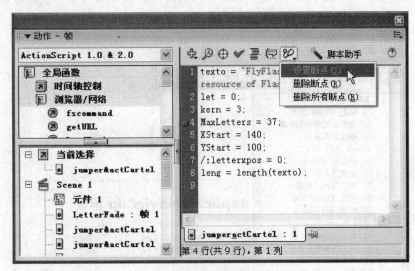

图 5-25　调试选项按钮

J　"脚本助手"按钮

按下"脚本助手"按钮（如图 5-26 所示），开启"脚本助手"功能。该功能可以帮助用户以动作脚本标准的格式及正确的写法进行编辑，从而使对 ActionScript 动作脚本不熟悉的用户，也能很方便地编写出正确的运行程序。

图 5 – 26　脚本助手功能界面

K　"帮助"按钮

按下"帮助"按钮，可以开启帮助面板。在该面板中有如图 5 – 27 所示的 ActionScript 动作脚本的相关知识和 ActionScript 2.0 语言参考，用户可以在这里查询所有 ActionScript 动作脚本的含义及用法等内容。注意：在命令列表窗口和程序编辑窗口中，可以使用鼠标

图 5 – 27　脚本助手按钮的使用

选择需要查询的动作脚本，然后单击鼠标右键，在弹出的菜单中选择"查看帮助"命令，可以直接开启该动作脚本的说明面板（如图 5 – 28 所示）。

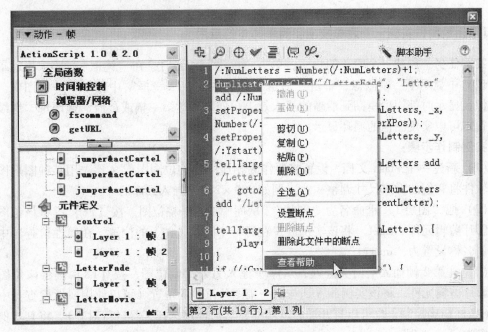

图 5 – 28　查看帮助命令的使用

L　"固定活动脚本"按钮

按下程序编辑窗口下方的"固定活动脚本"按钮，可以将目前编辑的动作脚本暂时固定（如图 5 – 29 所示），然后可以在目标列表窗口中再选择其他目标进行编辑，并可以通过名称标签完成编辑对象间的切换。

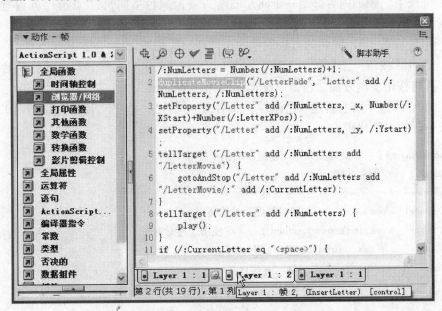

图 5 – 29　固定活动脚本按钮的使用

5.3　案例导航

5.3.1　相册制作实例——遮罩技术和简单脚本的应用

实例任务：创建一个简单的相册，单击"前进"按钮时，在"镜框"（要求用遮罩技术实现）中显示下一幅图像；单击"后退"按钮时，在"镜框"中显示下一幅图像。要求图像在显示时都用由模糊到清晰的淡入效果。如果到达第一幅或最后一幅图像，继续单击按钮则可以实现图像的循环显示。

实例制作步骤：

（1）新建一个 Flash 文档，设置将要作为相册内容的位图图像（预先用某种图形图像处理软件将它们的像素尺寸调整一致，例如 200×280）导入到库。

（2）把"图层 1"重命名为"图片"，从库中拖入一幅位图。按【F8】键将该位图转换为影片剪辑元件 image1。将该实例放置在舞台中间稍微偏上的位置，在属性检查器中将其实例名称设置为"image1"。

（3）在第 2 帧插入空白关键帧，从库中拖入另外一幅位图，按【F8】键将该位图转换为影片剪辑元件。将该实例放置到与第一幅图片重叠的位置（可以使用属性检查器中的 x 和 y 坐标精确控制，也可以打开洋葱皮功能，然后使用选择工具进行对齐），将其实例名称设置为"image2"。

（4）在"图片"层上新建一个图层，命名为"遮罩"。在第 1 帧中绘制一个实心的椭圆，使其覆盖图片的主体部分，然后在该层上单击鼠标右键，选择"遮罩层"命令。

（5）在"遮罩"层上新建一个图层，命名为"按钮"。

（6）按【Ctrl + F8】键新建一个按钮元件，命名为"left"。该按钮的"弹起"、"指针经过"和"按下"帧的内容都是一个向左的箭头（但颜色不同），"点击"帧设置为覆盖箭头所在区域的一个矩形。

（7）用与步骤（6）同样的方法制作一个"right"按钮元件。

（8）选中"按钮"图层的第 1 帧，将"left"和"right"元件分别拖拽到舞台上图片的下方，并将按钮实例分别命名为"prevImg"和"nextImg"。

（9）在"按钮"层上新建一个图层，命名为"动作"。选中"动作"层的第 1 帧，在动作面板中附加以下代码：

```
var currentImg = 1;     //此变量表示当前显示的图片编号
var max = 5;    //图片总数
var fadeSpeed = 5;     //淡入时的渐变速度
_ root. image1_ alpha = 40;    //初始时的图片透明度
_ root. image1_ a onEnterFrame = function( ) {    //使图片逐渐清晰
            if( this. _ alpha < 100? fadeSpeed) {
                this. _ alpha + = fadeSpeed;
            }
        else {
            this. _ alpha = 100;
```

```
            }
                                        }
_ root. nextImg. onPress = function( ) {
            currentImg + + ;
            if( currentImg > max ) {
//到达最后一幅图片后显示第一幅
                currentImg % = max ;                    }
            gotoAndStop( currentImg ) ;
            }
_ root. prevImg. onPress = function( ) {
            currentImg – – ;
            if( currentImg < 1 ) {
//到达第一幅图片后显示最后一幅
                currentImg = max ;
                            }
            gotoAndStop （currentImg） ;
            }
        stop( ) ;
    }
```

（10）在"动作"层第 2 帧中添加空白关键帧，在其中附加以下代码：

```
_ root. image2. _ alpha = 40 ;
_ root. image2. onEnterFrame = function( ) {
            if( this. _ alpha < 100 fadeSpeed) {
              this. _ alpha + = fadeSpeed ;
            }
            else {
              this. _ alpha = 100 ;
            }
    }
```

（11）在"动作"层第 3、4、5 帧分别附加与第 2 帧中类似的代码，将第一行和第二行代码控制的对象（实例名称）由 image2 更改为对应的 image3、image4 和 image5。

（12）按【Ctrl + Enter】键测试动画。保存文档。

5.3.2 舞动文字制作实例——引导技术和简单脚本的应用

实例任务： 创建一个带背景音乐的草地上方文字跟随飞机舞动的小动画。动画放映时，首先停留在初始界面。任何时刻单击"播放"按钮时，开始播放文字跟随飞机舞动的画面。任何时刻单击"暂停"按钮时，文字跟随飞机舞动的立即停止于当前画面。

实例制作步骤：

（1）新建一个尺寸为"550×250"的 Flash 文档。

（2）新建"背景"影片剪辑元件。将图片素材文件"草地.jpg"导入到舞台，设置坐标点为（0，0）。

（3）在"背景"元件中，添加"图层2"。在【混色器】面板中选择【线性】渐变，设置左色标为"R = 220，G = 250，B = 170"，右色标为"G = 128，G = 230，B = 255"。选择【矩形工具】，将【笔触颜色】设为"无"。在"图层2"中绘制一个长方形，进行逆时针90°旋转，设置其【宽】为"550"、【高】为"155"、坐标点为（0，-110.0）。

（4）新建"纸飞机"影片剪辑元件。将图片素材文件"纸飞机.jpg"导入到舞台。

（5）返回"场景1"。将"栀子花开.mp3"音频素材文件导入到【库】面板中。再将"背景"元件拖放到舞台，设置坐标点为（0，0）。

（6）选择第1帧，在【属性】面板的【声音】下拉列表中选择"music.wav"音频文件。在【同步】选项的第1下拉列表中选择"事件"，在其第2下拉列表中选择"循环"。

（7）插入新图层2，命名为"纸飞机"。将"纸飞机"影片剪辑元件拖放到该图层舞台，生成实例。

（8）插入新图层3，命名为"纸飞机引导层"。单击"添加运动引导层"按钮，使该图层自动变成"引导层"。在第1帧，选择【钢笔工具】在舞台上绘制一条曲线路径，再选择【部分选取工具】对曲线进行调整。

（9）选择"纸飞机"图层第1帧，将"纸飞机"实例吸附到路径的左端，并进行旋转直到与路径的弯曲程度一致。

（10）选择"纸飞机"图层第80帧，按【F6】键插入关键帧。将"纸飞机"实例吸附到路径的曲线的右端。在该图层的第1帧至第80帧之间的任意帧格右击鼠标，选择快捷菜单中的【创建补间动画】命令，勾选【属性】面板中的【调整到路径】选项。

（11）选择其他图层的第120帧，按【F5】键插入帧。

（12）插入新图层4、新图层5、新图层6、新图层7，分别命名为"舞"、"动"、"文"、"字"。在新图层4上，选择【文本工具】，设置【字体】为"华文楷体"，【字体大小】为"80"，颜色为"#FF6600"，在舞台上部输入"舞动文字"。执行【修改】｜【分离】菜单命令，使每个字符成为单个对象；执行【修改】｜【时间轴】｜【分散到图层】菜单命令，打散后的字符将按输入顺序分配到新增加的图层4至图层7中。

（13）在【时间轴】面板中，选择上述4个图层的第65帧，按【F5】键插入帧。

（14）将"舞"、"动"、"文"、"字"图层中的字符分别转换为同名的影片剪辑元件。

（15）插入新图层8，命名为"文字引导层"。在第1帧，使用【铅笔工具】，在舞台上绘制4条曲线路径。使用【挑选工具】，分别将每个字符的"变形点"与曲线的下端重合。

（16）分别选择"舞"、"动"、"文"、"字"图层的第1帧，将其拖到第15、20、25、30帧；再分别在这4个图层的第30、35、40、45帧处插入关键帧。

（17）右键单击"文字引导层"，选择快捷菜单中的【引导层】命令，将其变成引导层。

（18）右键单击"舞"图层，选择快捷菜单中的【属性】命令，打开【图层属性】，点选【被引导】选项，单击"确定"按钮。同样，将"动"、"文"、"字"图层设置为被引导层。

（19）选择"舞"图层第15帧，调整字符吸附到路径曲线的上端。右键单击第15帧，在快捷菜单中选择【创建补间动画】命令，勾选【调整到路径】选项。选择"文"图层第 20 帧，插入关键帧；将【属性】面板中的【缓动】设为"100"；执行【修改】│【变形】│【水平翻转】菜单命令。选择"文"图层的第 32 帧，进行类似的设置。

（20）分别选择"动"图层的第 27 帧、"字"图层的第 39 帧，插入关键帧，将【属性】面板中的【缓动】设为"100"；执行【修改】│【变形】│【垂直翻转】菜单命令。

（21）在"文字引导层"的上面插入新图层 8，命名为"按钮层"。执行【窗口】│【公用库】│【按钮】菜单命令。将"playback flat"文件夹中的"flat blue play"、"flat blue pause"按钮元件分别拖动到图层 8 第 1 帧的舞台中。定义"flat blue play"按钮的实例名为"播放"，定义"flat blue pause"按钮的实例名为"暂停"。

（22）选择"播放"按钮实例，在【动作】面板中输入以下代码：

```
on(press) {
        play();
}
```

（23）选择"暂停"按钮，在【动作】面板中输入以下代码：

```
on(press) {
        stop();
}
```

（24）在"按钮层"的上面插入新图层 9，命名为"动作层"。选择第 1 帧，在动作面板中附加以下代码：

```
stop();
```

（25）按【Ctrl + Enter】键测试动画。保存文档。

习　题

5 - 1　简述 Flash 补间动画、遮罩动画、引导动画及交互式动画的制作方法。

5 - 2　自选题目，制作一个集补间动画、遮罩动画、引导动画及交互式动画功能为一体的小型综合动画作品。

6 多媒体作品制作

·+·

【学习提示】

◆**学习目标**

➢掌握 Authorware 多媒体作品的基本概念

➢熟悉 Authorware 软件基本操作方法

➢掌握简单 Authorware 作品的制作方法和技巧

◆**核心概念**

图标；交互；框架；响应

◆**视频教程**

Authorware 视频教程参考网址：http：//www. 51 zxw. net/list. aspx？cid＝31

·+·

6.1 Authorware 及 Authorware 多媒体作品简介

6.1.1 Authorware 及其特点

Authorware 是一种基于流程的解释型图形编程语言。Authorware 能高效地整合声音、文本、图形、简单动画以及数字电影，创作出高水平的交互性非常强的多媒体作品，因而被广泛地应用到多媒体教学和商业领域中。Authorware 因具有以下特点，而成为多媒体爱好者制作多媒体作品的首选工具。

（1）具有直观易用的可视化开发界面。

（2）可融合各种多媒体素材，对文字、图形图像和动画的处理能力强。

（3）编制的软件具有强大的交互功能，可按个人意愿控制程序流程，并提供了按键、按鼠标、限时等多种应答方式。

（4）编制的软件可以编译成 .EXE 的文件而独立运行。

（5）提供了大量系统变量和函数来实现特定功能以响应用户的要求。

（6）提供了设计模板，方便设计者使用。

6.1.2 Authorware 的多媒体作品及其开发步骤

多媒体作品是一组根据所需目标专门设计的、表现特定内容的、反映一定交互策略的计算机指令。它可以用来存储、传递和处理多种媒体信息，能让用户交互式地操作此作品。

Authorware 多媒体作品可以看成是一个基于流程图的程序，通过直观的流程图来表示用户程序的结构。程序开始时，首先要新建一个"流程图"。在流程图上，用户可以增加并管理文本、图形、动画、声音以及视频，还可以开发各种交互，以及起导航作用的各种链接、按钮、菜单。此外，通过变量、函数以及各种表达式的综合运用，用户可以进一步开启 Authorware 的力量，设计出功能强大的多媒体作品。

Authorware 多媒体作品的开发可按如下步骤进行：

- 充分分析需求，确定开发目标。
- 分析展示的内容，进行系统设计。
- 编写文字脚本，制作脚本。
- 程序实现。
- 试用评价，修改完善。
- 推广发行。

6.2 Authorware 的工作界面

启动 Authorware7 进入图 6-1 所示的工作窗口。在窗口左边的就是 Authorware 的图标栏。图标栏的图标即是 Authorware 流程线上的核心元素。其中，图标栏上方的 14 个图标用于流程线的设置，通过它们来完成程序的计算、显示、决策、交互控制等功能。设计图标下面的"开始旗帜"和"结束旗帜"用于调试控制程序执行的起始位置和结束位置。图标栏最下方是设计图标调色板。下面介绍图标栏上各个设计图标的具体功能及使用技巧。

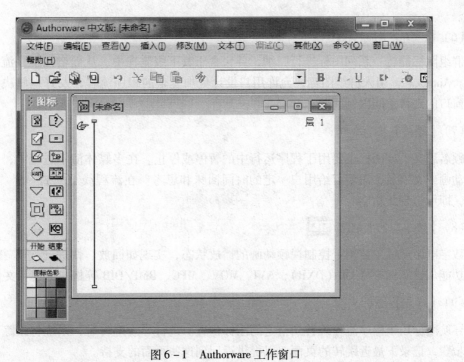

图 6-1　Authorware 工作窗口

6.2.1　图标功能介绍

（1）【显示】图标

在显示图标中可以存储多种形式的图片和文字，若放置函数，则可进行动态的运算执行。此图标是 Authorware 设计流程线上使用较频繁的一个图标。

（2）【交互】图标

交互图标，顾名思义是完成各种灵活多变的交互功能的一个图标，其中同样也可插入图片和文字。Authorware 7 提供了多达 11 种的交互响应类型。交互图标展示了 Authorware 强大的交互功能。

（3）【移动】图标

移动图标主要用于移动位于显示图标内的图片或者文本对象，是设计 Authorware 动画效果的基本方法，但它本身不具备动画能力。

（4）【计算】图标

计算图标用于对变量和函数进行赋值和运算，凡是能用图标编程实现的功能绝大部分都能在"计算"图标中使用脚本语言来实现。

（5）【擦除】图标

擦除图标主要用于擦除程序运行过程中不再使用的画面对象。多媒体程序运行的过程，其实就是各个对象在演示窗口中显示和擦除的过程。巧妙地使用"擦除"图标，可以实现对象的滚动擦除、淡入淡出、马赛克和画像等擦除效果，从而使多媒体作品更加生动美观。

（6）【群组】图标

群组图标能将一系列图标进行归纳，并包含于其下级流程中，从而增强程序流程的可读性。Authorware 引入群组图标，允许用户设计更加复杂的程序流程，友好地解决了流程设计窗口的工作空间限制问题。

（7）【等待】图标

顾名思义，该图标主要用于程序运行中的暂停或停止。在多媒体演示过程中，显示完一段动画或文字后，需要留给用户一定的时间回味和思考。在流程线上施放一个"等待"图标，即可实现此功能。

（8）【数字电影】图标

数字电影图标主要用于控制视频动画的播放状态，实现如回放、快进/慢进、播放/暂停等功能。该图标支持 DIR(DXR)、AVI、MOV、MPG、BMP/DIB 等格式的视频文件。

（9）【导航】图标

导航图标用于程序流程跳转到指定的图标位置。进行导航跳转时，系统将跟踪若干次跳转步骤，记录下最近跳转的页面，以提供返回到这些页面的支持。

（10）【声音】图标

声音图标用于控制声音的播放状态。该图标支持 WAV、AIF、PCM 和 VOX 等类型的音频文件。

（11）【框架】图标

框架图标用来创建并显示 Authorware 的页面功能，它总是与导航图标配合使用。一个框架图标可以包括多个其他的图标，每一个图标被称为框架的一页，每一页都是相对独立的部分，页与页之间的联系靠导航图标来完成。

框架图标是由两部分构成，即 Entry 部分和 Exit 部分。其中 Entry 部分是进入该框架结构中任何一页时必须要执行的程序。Exit 部分是退出该框架结构时必须执行的程序。

（12）【DVD】图标

DVD 图标可以用来驱动计算机外部的媒体设备，例如放映机、投影仪、数码摄像机等。一般用户较少使用该图标。

（13）【判断】图标

判断图标又称为决策图标，用于实现分支流程和循环功能。用它可以指定执行分支的次数和方法。

（14）【知识对象】图标

知识对象图标是指一些事先设计好的、能够实现特定功能的程序模块或例子程序。这些程序可以在程序设计中反复使用。

（15）【开始】旗帜

开始旗帜用于调试执行程序时，设置程序流程的运行起始点。

（16）【结束】旗帜

结束旗帜用于调试执行程序时，设置程序流程的运行终止点。

6.2.2 图标使用技巧

（1）常用快捷键

Ctrl + =：弹出图标附带计算代码编辑窗口。

Ctrl + I：弹出图标属性的对话窗口。

Ctrl + T：弹出图标过渡特效方式设置窗口。

Ctrl + E：弹出响应属性的对话窗口。

（2）图标上色

在设计过程中，为了检查的方便，可以对流程线上的同一种图标或同一类型的图标进行分组归类，设置同一种颜色。图标栏底部的图标色彩可对图标进行上色。操作方法：先用鼠标单击选取流程线上的图标，再用鼠标在图标色彩内单击选择一种颜色，则被选中的图标就立刻涂上了该色彩。

6.3　Authorware 的交互设计

如果一个多媒体片段具有双向的信息传递方式，不仅可以向用户演示信息，同时允许用户向片段传递一些控制信息，则这样的一个多媒体片段就具有交互性。交互性是通过在片段中设置许多交互点来实现的，每一个交互点都给了用户一个对程序或其他用户进行响应的机会。

6.3.1　交互类型

Authorware7 中，【交互图标】支持 11 种响应类型，如图 6-2 所示。

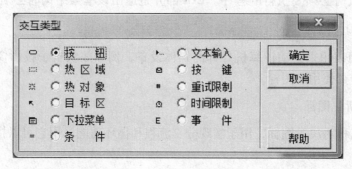

图 6-2　交互类型对话框

6.3.1.1　按钮响应

按钮响应是最直接和频繁的交互响应类型，它的响应形式十分简单，主要是根据按钮的动作而产生响应，并执行该按钮对应的分支。按钮的大小和位置以及名称都可以改变，并且还可以加上伴音。系统提供了标准的按钮样式（通过执行菜单【窗口】|【按钮】查看选择），也可以用户自己定义。

6.3.1.2　热区域响应

热区域响应也是使用频繁的交互响应类型之一，它是通过对某个不可见的矩形区域的动作而产生响应。当选取此区域时（选择方式可设定为鼠标进入、单击和双击），即可执行相应结果图标中的内容。区域的大小和位置可以根据需要在演示窗口中任意调整。

热区域响应最典型的应用就是实现文字提示功能。比如我们将鼠标移至工具栏的按钮上时就会出现该按钮的功能说明，使我们快捷地得到帮助信息。利用热区域响应就可以轻松实现这一功能，具体设计方法如下：

（1）从图标工具栏上拖动交互图标到流程线上。

（2）在交互图标的右边拖入一显示图标，系统提示交互类型，选择【热区域响应】；在显示图标里放置需要的提示信息，同时调整热区响应范围为指定的合适区域。

（3）快捷键【Ctrl + E】调出该分支的响应属性对话框，把热区域响应的【匹配】项设置为"指针处于指定区域内"，同时把响应属性的【擦除】项设置为"下一次输入之前"即可，如图 6-3 所示。

6.3.1.3　热对象响应

热对象响应是指 Authorware 中某一个显示图标或其他可以作为一个整体图形对象的图

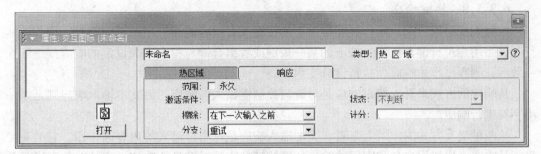

图 6 - 3　热区域响应属性设置

标中的内容作为一个物体，使用交互图标将其作为一个可以对鼠标的操作进行激活的对象。热对象响应和热区域响应类似，它们都能够通过单击、双击和鼠标进入这三种方式来进行交互。不同的是热区域产生响应的对象是一个规则的矩形区域，而热对象则是一个具体的物体对象，并且这些对象可以是任意形状的。

热对象响应的一个更富有创意的特点在于，它可以把一个正在移动的对象看作热对象。也就是说，热对象响应是将对象所占的区域作为响应区域，区域的形状由对象的形状来决定，对象可以不限定在固定的区域内，因此，当一个对象被设置成热对象响应对象后，即使移动了这个对象，用户仍然可以在这个对象的新位置处激活对象响应。而热区域响应则是对一块固定矩形区域作出响应。由此可见，热区域响应是静态区域响应，而热对象响应则是动态区域响应。

6.3.1.4　目标区响应

目标区响应是通过用户操作移动对象至目标锁定区域内而相应产生的响应类型。目标区响应需要确定要移动的对象及目标区域的设置。它特别适合创建一些类似于对象填空的交互模式。使用的场合主要有：成语接龙、填字游戏、拼图游戏等。尤其对于一些高难度的零件组装训练具有减少危险性及节省实习器材损耗等优点。

目标区响应包括正确响应和错误响应，具体通过目标区域响应属性对话窗口的【状态】属性域设置。

6.3.1.5　下拉菜单响应

下拉菜单响应是通过用户对相应下拉菜单的操作（菜单选取）而产生的响应类型。下拉菜单响应的建立与使用相对简单，其中下拉菜单响应分支所在的交互图标的名称即为下拉菜单的标题，交互图标下的各个下拉菜单响应分支的名称对应为该下拉菜单的菜单项。当选择某一菜单项时即响应执行对应分支的流程内容。

6.3.1.6　条件响应

条件响应是通过对条件表达式进行判断而产生的响应类型，即当某一条件变量表达式的数值满足条件交互分支的要求时，程序便开始执行条件分支所在的内容。在一个条件响应分支中，允许设置多个条件来满足条件变量的各种变化范围。

6.3.1.7　文本输入响应

文本输入响应是指建立一个文本输入区域，在用户输入完信息后，程序根据输入的信息进行相关的响应处理操作。

6.3.1.8 按键响应

按键响应是通过用户操作控制键盘上的按键或者组合键而产生的响应类型，即程序运行时，当用户进行键盘操作，按下的某一按键或者组合键与程序事先设定的响应按键匹配一致后，则程序产生响应而执行该分支内容。

从响应的方式来看，按键响应是对键盘控制键输入的响应，而文本输入响应则是对一串字符进行响应。

从两种交互方式的作用上来看，文本输入响应是对用户输入的内容起作用，它的对象只能是文本，比如用户名和密码的输入。而按键响应是对键盘的响应，它的对象可以是各种控制键，比如方向键，用来控制动画对象的运动方向。

6.3.1.9 重试限制响应

重试限制响应也叫限制次数响应，用来限制用户响应的次数。比如密码的验证，可以设置一个重试限制响应，允许用户输入若干次，当达到规定的次数仍然不正确时，系统自动退出。

6.3.1.10 时间限制响应

时间限制响应是一种限制用户进行可交互有效时间的响应类型。即时间限制响应一般用来限制用户的操作时间，或控制在用户没有操作时多少时间内退出。

6.3.1.11 事件响应

事件响应，顾名思义是根据某些特定事件而做出相应动作的响应类型。相对其他的交互响应类型，事件响应交互涉及的知识比较多，特别是对于初学者来说，更是一种比较陌生、复杂的响应方式。同时，与其他响应方式不同，事件响应是 Authorware 与外部控件之间数据交流的一座桥梁。

6.3.2 建立交互响应分支

Authorware 的所有交互响应都需要通过交互图标来设置实现，但交互图标本身并不能提供交互响应功能，必须为交互图标创建响应分支。下面以建立一个按钮响应交互分支为例来说明响应分支的创建步骤。

（1）首先从图标工具栏上拖动一个交互图标放置到流程线上合适位置。

（2）任意拖动一群组图标到流程线上交互图标的右侧。第一次建立响应分支，程序会自动弹出一个响应类型对话框（图6－2）。如果选择默认的按钮响应类型，按确定后即完成按钮交互响应分支的建立工作。

（3）建立交互分支后，可以按快捷键【Ctrl＋E】调出响应属性对话框，根据实际需求对响应分支的交互返回类型、响应属性等进行具体设置。

6.4 Authorware 的知识对象及其分类

6.4.1 知识对象的概念

知识对象 KO（Knowledge Object）是根据逻辑关系封装的模型，使用时插入到多媒体作品程序中。知识对象不同于一般的模型，它是与向导相联系的，用于在插入知识对象的多媒体作品处建立、修改或增加新内容的一个界面。各种不同的知识对象针对不同的实现功能，封装了特定的函数以及交互的结构框图。用户可以方便地将这些功能模块嵌入到流程中，实现相应的功能，从而节省大量的编程时间。

6.4.2　Authorware 知识对象的分类

选择【窗口】｜【面板】｜【知识对象】或快捷键【Ctrl + Shift + K】，即可弹出如图 6 - 4 所示的知识对象对话框。

图 6 - 4　知识对象分类对话框

（1）【Internet】类型的知识对象

顾名思义，此类知识对象主要是提供常见的互联网络功能，例如发送 E - mail、运行默认浏览器、Authorware 播放器安全设置等。

（2）【LMS】类型的知识对象

这类知识对象用于学习管理系统以便于和 LMS 进行数据和信息的交换，包括 LMS(初始化)、LMS(发送数据) 两个 KO。

（3）【RTF 对象】类型的知识对象

这类知识对象是一个控制 RTF(Rich Text Format) 对象的知识对象工具包，包括对 RTF 对象的创建、编辑修改、保存、常规查找等功能。RTF 对象支持插入各种图形，可设置多种文本格式，是开发图文并茂的多媒体程序常用的文件类型之一。

（4）【界面构成】类型的知识对象

这类知识对象主要用于创建各种用户界面及其控制，包括有各种类型的消息对话框、鼠标控制、打开文件对话框、浏览、保存文件对话框、滚动条、窗口控制、窗口属性控制等 13 个知识对象。通过这些知识对象，使 Windows 的交互界面设计变得更加标准和容易。

（5）【评估】类型的知识对象

这类知识对象主要用于知识系统测试，提供了包括真假问题、单选问题、多重选择问题、简答题等类型的题目设计模板，还提供了登录、得分、拖放问题等测试系统功能。利用它们来开发多媒体自检测练习题测试系统最方便不过了。

（6）【轻松工具箱】类型的知识对象

这类知识对象是 Authorware 新增加的，提供了包括常规的多媒体程序的轻松框架模型、轻松窗口控制、轻松反馈、轻松屏幕等 4 个实用的 KO，通过它们可以更快地完成一个功能齐全的多媒体作品。

（7）【文件】类型的知识对象

这类知识对象提供了常用的文件相关的 KO，包括有添加 - 移除字体资源、复制文件、查找 CD 驱动器、跳到指定 Authorware 文件、读取 INI 值、文件属性的设置等共 7 个知识对象，方便了设计用户对文件相关的控制设计工作。

（8）【新建】类型的知识对象

这类知识对象主要提供了一般的程序流程框架，包括有测验、轻松工具箱、应用程序等 3 个知识对象。最引人注目的莫过于轻松工具箱，它提供了一套完整的程序流程模板，初学者可以从中学习总体程序流程设计的思路。

（9）【指南】类型的知识对象

这类知识对象提供了用于教学程序使用的知识对象，包括拍照和相机部件两个 KO。

6.5　变量、函数与程序

6.5.1　变量

6.5.1.1　变量的定义及分类

变量是指一个值可以改变的量。通常用来存储程序执行过程中涉及的数据。一般的计算机程序语言对变量的要求比较严格，变量的分类较多，使用比较复杂。但是，Authorware 相对简单些，它只提供一种形式的变量，即全局变量。变量可以存储的数据类型有：数值型、字符型、逻辑型、列表等形式存在的数据。变量的加入，使 Authorware 的交互编程更加灵活多变。

在 Authorware 中，变量可以划分为系统变量、自定义变量两种类型。

A　系统变量

Authorware 内部提供了一系列的系统变量。选择【窗口】|【面板】|【变量】，可打开如图 6 - 5 所示的变量分类设置窗口。在该窗口可以查看包括 CMI（计算机管理教学）、决策、文件、框架、常规、图形、图标、交互、网络、时间、视频等共 11 类系统变量的具体信息。

系统变量是 Authorware 本身所自带的变量。在程序的执行过程中，Authorware 随着程序的执行自动监测和调整系统变量的值。例如 AltDown 变量，在程序的整个执行过程中，Authorware 随时监测 Alt 按钮是否按下，如果该按钮正在被按下，则 AltDown 变量的值为 TRUE，否则为 FALSE。读者可以在程序中调用该变量作为运行某些特殊内容的触发条件，以便在程序运行的全过程都可以监测该变量，随时执行相应的反馈信息。

每一个变量都有一个唯一的名称。系统变量的名称是以大写字母开头，由一个或几个单词组成，单词之间没有空格。有些变量后面可以跟一个"@"字符再加上一个设计按钮的标题名，这种变量称为引用变量。利用引用变量可以查找文件中任意一个设计按钮中的相关信息。例如"Movable@"IconTitle"：= False"的格式，这种语句称为引用变量，此赋值语句表示在程序执行过程中，不允许用户对"IconTitle"图标进行任何的移动。

提示与技巧：时间类系统变量中的"Full-Time"是一个非常有用的系统变量，其不同之处在于它是一个实时变化的时间变量，且不断地随计算机系统时间的改变而改变。正是这种特殊的变化性质，在程序交互设计中显得十分有用。在某些情况下，Authorware 本身对函数或变量的值的变化无响应。例如，某些场合下设计一个永久

图6-5　系统变量分类设置窗口

条件交互分支，设置返回类型为"Return"，响应条件表达式为 A=0，那么本来程序只要在"A=0"条件下均会响应并执行该永久分支的内容，可恰恰 Authorware 经常在此时出现故障，并不自动去检测 A 表达式值的变化。此时，可把响应条件改为"A+FullTime=0+FullTime"，通过 FullTime 这个不断变化的系统变量强迫 Authorware 去检查整个表达式的值而决定分支的执行与否。

B　自定义变量

如果用户的需求超出了 Authorware 所提供的系统变量的功能，用户可以自行定义一个变量，这种变量称之为自定义变量。在图6-5中单击【新建】按钮进入图6-6所示对话框。在该对话框中可新建自定义变量，并定义变量的初值和相关操作。

图6-6　新建自定义变量对话框

自定义变量是由用户自己定义的，在程序的设计中，要求变量名具有唯一性，所以读者在定义一个新的变量时，新的变量名必须是一个除了系统变量名和已存在的自定义变量

名外的新的名称。自定义变量的使用方法同系统变量，能使用系统变量的地方也可以使用自定义变量。自定义变量的初始值是由用户赋给的。

变量的赋值有以下两种方法：

（1）定义新的自定义变量时在【初始值】对话框中给变量赋值。

（2）在【运算】设计按钮对话框中使用赋值符号"：＝"给变量赋初值。格式为：

$$“变量名”：＝“初始值”$$

Authorware 的程序设计中，读者可以直接使用"变量名"＝"初始值"来赋值，Authorware 会自动检测赋值过程，并自动为赋值符号添加一个"："。例如：City：＝"北京"，Pause：＝TRUE 等。

注意：对自定义变量进行字符串赋值时，经常会出现字符串超长而无法直接一次性给变量赋值的情况。此时可以把长字符串拆分为几小段，然后通过连接符号"^"把它们连接起来进行赋值，例如下列程序代码最后 LongString 的值即为字符串"Hello，I am Rock！How are you？"：

LongString：＝ ″Hello，I am Rock！″

LongString：＝ LongString^″How are you？″

6.5.1.2　变量的存储类型

在 Authorware 中，用户不必为定义变量的各种类型煞费苦心。Authorware 不分整型变量和实型变量，也不分全局变量和局部变量，对数值型变量来说，Authorware 只有一种单一的类型：数值型。Authorwar 将所有的变量都视为全局变量。

根据变量的存储类型，变量可以划分为三种。

（1）数值型变量：数值型变量用来存储具体的数值。数值的类型是任意的数值，可以是整型（例如，50、－30 等）、实型（例如，3.4456、－5.654 等）。

（2）字符型变量：字符型变量用来存储字符串。字符串是由一个或多个字符组成的。例如："This is ＄100"、"The number is 3444" 和 " ＊ as？" 等都是字符串。注意：在我们把字符串赋值给一个字符型变量的时候，必须为字符串加上双引号。在 Authorware 中，一个字符型变量可以存储的字符数长达 3000 个。

（3）逻辑变量：逻辑变量存储两种状态：TRUE 或者 FALSE。逻辑变量最典型的用途是作为一个判断条件，激活或不激活某一选项。

6.5.1.3　变量的使用场合

一般变量在 Authorware 中的使用场合主要可以分为以下 3 种情况。

A　在属性对话框的文本框中使用变量

在设置属性对话框时，经常会遇到需要填写条件表达式的文本框内容设置。在这些文本框内，可以直接使用变量。例如，在图 6－7 所示的等待图标属性对话框中的【时限】域的条件文本框内，即可输入包含变量的条件表达式。类似地，在条件响应表达式等文本框内，也可以直接使用变量。

B　在计算图标代码编辑器中使用变量

变量是 Authorware 程序设计的重要成员角色，主要用于程序语句中，能够实现数据存

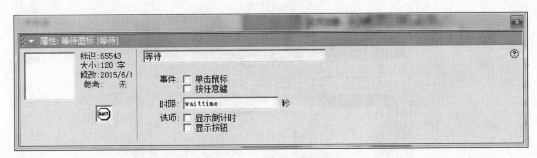

图6-7 文本框中使用变量

储、条件限制等多种功能。如图6-8所示的计算图标的代码编辑器是变量最普遍的使用场合，也是变量得以灵活运用的核心表现场所。

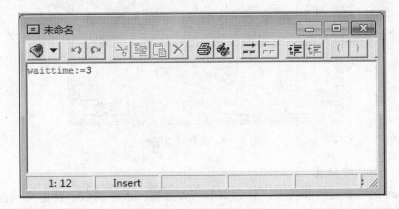

图6-8 在编辑器中使用变量

C 在显示图标或交互图标中使用变量

在显示图标或交互图标中也可以进行变量的显示与计算。注意：在显示图标或交互图标中使用变量时，需要将变量名用大括号"{}"括起来。否则，系统会将变量名默认为普通文本字符串。显示变量时，如果需根据变量值的变化不断更新显示结果，则需要在显示图标或交互图标的属性对话框中勾选"Update Displayed Variables"项。

6.5.2 函数

6.5.2.1 函数的基本定义

函数是指能够实现某种指定功能的程序语句段。通常，函数都用一个代号（函数名）来表示。

当程序设计过程中需要实现某一功能时，只需调用事先编写好的具有实现该功能的函数，无须重新编写，这无疑有利于程序的结构化与模块化。大部分的函数都有自己的参数，每一个参数都代表不同的意义，因此在调用函数时往往需要传递实际参数，告诉函数实现哪一部分功能。Authorware7支持用户的自定义函数功能。

通过【窗口】|【面板】|【函数】或快捷键【Ctrl + Shift + F】，弹出图6-9所示的Authorware的【函数】对话框。在该对话框中可查看Authorware的全部函数的语法及描述。

图 6-9 函数对话框

6.5.2.2 函数的分类

Authorware 的函数归纳起来可以分为如下三大类型：系统函数、自定义函数和外部扩展函数。

A 系统函数

Authorware 的系统函数有 300 多个，按其函数功能可分为 18 类：字符、文件、CMI（计算机管理教学）、框架、常规、图形、图标、跳转、数学、OLE（对象链接和嵌入）、平台、时间、视频、语法、List（列表）、网络、目标、Xtras 等。

B Authorware 自定义函数

Authorware 6.5 开始支持用户自定义函数。用户可以把某一计算图标内的程序代码或者是存储于外部文本文件的程序代码，甚至是一段字符串程序语句，定义为函数形式。自定义函数增强了程序代码的结构化和重复使用性。

基于外部文本文件或一段字符串的自定义函数，需要分别使用 CallScriptFile 和 CallScriptString 系统函数进行调用。

C 外部扩展函数

通常外部扩展函数都是实现一些系统控制功能，弥补 Authorware 在某些方面的不足。外部扩展函数一般指第三方扩展开发商利用编程语言和开发工具（例如，VC、BCB、Delphi 等）开发的外部扩展 U32(UCD)、DLL(动态链接库)、Xtras。封装在它们内部的函数可以供 Authorware 调入使用。例如在 Authorware 的安装目录下就可以找到 Macromedia 公司开发的几款外部扩展 U32(UCD)。

6.5.2.3 函数的使用

系统函数的使用步骤为：

（1）选定需要使用的系统函数的位置。

（2）选择【窗口】｜【函数】菜单项，弹出函数对话框（如图 6-9 所示）。该对话框列出了所有的系统函数和用户自定义函数；显示了某一特定的语法和描述，以及使用了该函数的图标序列。利用此对话框，用户可以载入、重命名和删除自定义函数，也可跳转至使用该函数的图标，以及将某函数粘贴至一个计算机图标或一个域中。

（3）从函数对话框的分类下拉列表中选择某函数类型，要使用的函数将归属于该类别。如果不能确定该函数属于哪个类别，可以选择 ALL 类别。

（4）从滚动列表框中选择需要的函数，然后单击【粘贴】按钮。

（5）在紧接函数名后的圆括号中输入函数所需要的参数信息。

6.5.3 程序

Authorware 除了具有图标化的程序设计流程外，还支持直观灵活的程序语句。即使没有任何的编程基础，一样可以很轻松地掌握 Authorware 的程序语句编写技巧。

6.5.3.1 代码编辑器

Authorware 的程序语句通常是在图 6-10 所示的计算代码编辑器里编写完成并执行的。除了计算图标外，其他图标都有附带执行计算代码的功能。选择某个图标后，按快捷键【Ctrl + 等号键】即可调出附带计算代码编辑器。

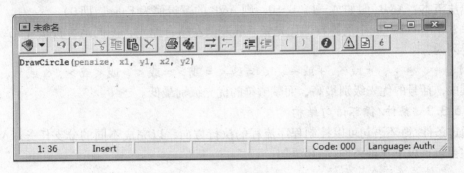

图 6-10 代码编辑器

6.5.3.2 注释和运算符

注释既能增强程序的可读性，又可以方便设计者日后对程序代码进行修改与维护。Authorware 的注释符为 " - - "。在程序执行过程中，某一行注释符后面的内容并不被执行。

Authorware 涉及的运算符号主要包括赋值运算符、关系运算符、算术运算符、连接运算符、逻辑运算符共五大类。

A 赋值运算符 "：="

把赋值运算符右边的值赋予左边的变量。这种运算关系可以包括数值、字符串文本等各种 Authorware 支持的数据类型的赋值。例如 Variable：= Value，即把右边 "Value" 的值赋予左边的变量 "Variable"。

语法范本：A：＝10

List：＝［1，2，3，4，5，6］

PopupHandle：＝tmsCreatePopupList（WindowHandle）

B　关系运算符

关系运算符一般用于条件分支判断，对两个值（例如字符串、数值等）进行比较并返回一个逻辑比较结果 True(1) 或 False(0)。关系运算符主要包括：" ＝"（等于）、" ＜ ＞"（不等于）、" ＜"（小于）、" ＞"（大于）、" ＜ ＝"（小于或等于）、" ＞ ＝"（大于或等于）。

语法范本：A＜＞B

C　算术运算符

算术运算符主要是完成程序中一些基本的算术运算；包括" ＋"（加）、" －"（减）、" ＊"（乘）、"／"（除）、" ＊ ＊"（乘方）。

语法范本：3 ＋5 ＊20

D　连接运算符" ^"

连接运算符主要用于两个或多个字符串之间的连接。

语法范本：A：＝"Authorware"^"6.5"（即 A 的值为"Authorware6.5"）

E　逻辑运算符

逻辑运算符包括3 种：" ～"（逻辑非）、"＆"（逻辑与）、"｜"（逻辑或）。

这类运算符主要是完成两个逻辑值的比较操作，返回比较的结果是 True（1）或 False（0），一般用于条件分支判断。

语法范本：A&B（假如 A ＝1，B ＝0，则 A&B 的逻辑值为 False，即 0）

注意：Authorware 中运算符的优先级一般遵循左结合原则，不同运算符按优先级从高到低排列为：

（）、～、＊ ＊、＊ 或／、＋ 或 －、^、＝ 或 ＜ ＝ 或 ＞ ＝ 或 ＜ ＞ 或 ＜ 或 ＞、＆ 或 ｜、：＝

其中，括号的优先级别最高，而赋值符的优先级别最低。

6.5.3.3　条件/循环语句结构

通过条件/循环语句可以控制程序流程的执行方向，以完成不同的分支任务。Authorware 主要包括以下几种条件/循环语句。

A　条件判断语句

条件判断语句用于判断某种事件或者结果，并根据判断结果决定执行哪条分支动作。条件判断语句结构一般以 if 开头，以 End if 结束。例如：

```
if A > 10 then
DisplayIcon( iconid@ "hello")
else
Eraseicon( iconid@ "good")
end if
```

根据上述代码，如果 A ＞ 10，则执行 DisplayIcon(iconid@ "hello") 语句，将显示图标"hello" 的内容显示出来；否则，执行 Eraseicon（ iconid @ " good") 语句，将显示图标"good" 的内容擦除。

条件判断语句允许嵌套。例如：

```
if 条件 1 then 执行语句 1
else if 条件 2 then 执行语句 2
else 执行语句 3
end if
```

上述程序代码段的含义是：如果满足条件 1，程序将执行语句 1；否则，如果满足条件 2，将执行语句 2；否则，执行语句 3。

B　循环语句

循环语句是指在满足条件的情况下重复执行某一段程序代码的语句。被重复执行的这段程序代码通常被称为循环体。Authorware7 支持的循环语句结构都以 repeat 开头，end repeat 结束。例如：

```
repeat with i：= 1 to 10
    str：= String(i)
end repeat
```

注意：当 $1 \leqslant i \leqslant 10$ 时，将重复执行赋值语句 str：= String(i)，每循环一次 i 自增 +1，直到 i 值大于 10 结束退出循环。

Authorware 支持的循环语句结构共有以下 3 类：

（1）repeat with counter：= start［down］to finish

　　循环体语句

　　end repeat

这种循环结构中，值 start 和 finish 分别是循环的上下限。当循环执行到计数器 counter 超出循环范围时，将自动退出循环。此种循环结构可以指定计数器 counter 的自增方式，即每次递增 1 还是递减 1(down)。

（2）repeat with 变量 in 列表

　　循环体语句

　　end repeat

这种循环结构通常被应用在数组上，如果变量元素在指定的列表中，将重复执行循环体的程序语句。每执行完一次循环后，就会自动指定列表中的下一个变量元素，直到该变量元素超出列表索引范围，才执行 end repeat 结束循环。

（3）repeat while 条件

　　循环体语句

　　end repeat

这种循环结构相对简单，即在条件满足的情况下循环执行循环体的程序语句，直到条件不满足为止才执行 end repeat 结束循环。

C　程序语句代码范例

下面给出一个编写程序语句代码的范例。该范例中，代码实现的功能是在 Authorware 窗口中绘制一个饼状模拟分布图。

首先，启动 Authorware7，新建一个文件，在流程线上拖入一个计算图标，并输入以下代码：

```
--//相关变量初始化
```

```
orgx: = 200
orgy: = 200
radius: = 150
pensize: = 2
multiplier: = 10
percentages: = "30,15,20,35"
num_angles: = LineCount(percentages, ",")
 - -//绘制饼状分布模拟图
repeat with i: = 1 to num_angles
percentage: = GetLine(percentages, i, i, ",")
if i = 1 then
SetFrame(TRUE, RGB(255,0,0))
else if i = 2 then
SetFrame(TRUE, RGB(0,255,0))
else if i = 3 then
SetFrame(TRUE, RGB(0,0,255))
else if i = 4 then
SetFrame(TRUE, RGB(255,255,0))
end if
start: = finish
finish: = finish + percentage
repeat with j: = start * multiplier to finish * multiplier
angle: = (((50 - (j * (1/multiplier))) * Pi/50))
x: = SIN(angle) * radius
y: = COS(angle) * radius
Line(pensize, orgx, orgy, orgx + x, orgy + y)
end repeat
total: = total + percentage
end repeat
```

输入完毕后，按快捷键【Ctrl + R】调试执行，窗口屏幕上将自动绘制出一个饼状模拟分布图。

6.6   Authorware 多媒体作品发布

多媒体作品制作完成后，可以将作品 Web 化后通过网络进行发布。Authorware7 提供了"一键发布"的功能，用户只需要设置一些选项，就可以完成原来 Authorware 低版本软件中整个 Web 化打包的全部过程。

6.6.1   一键发布属性设置

使用菜单【文件】 | 【发布】 | 【一键发布】命令项或使用快捷键【Ctrl + F12】，可完成 Authorware 多媒体作品的一键发布。

通常，在作品"一键发布"前，都必须检查并设置其发布的相关设置。选择【文件】 |

【发布】｜【发布设置】或者按快捷键【Ctrl＋F12】，弹出如图 6－11 所示的"一键发布"属性设置对话框。在这个对话框中，有 5 个选项卡。

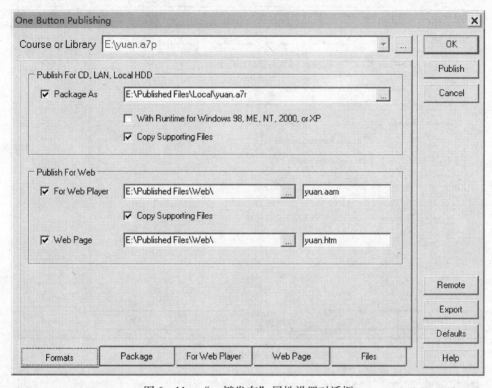

图 6－11　"一键发布"属性设置对话框

（1）"formats"选项卡

"formats"选项卡可以选择发布形式及发布路径等。发布形式主要包括：

● 常规发布形式：将作品打包为可执行文件或 a7p 文件并发布在如 CD、局域网、用户硬盘等常规媒体介质上。

● 网络发布形式：允许把作品直接发布成网页形式，十分方便。

（2）"Package"选项卡

"Package"选项卡用于设置有关 Web 发布的选项，可以设置为"For Web Player"或"Web Page"。

（3）"For Web Player"选项卡

"For Web Player"选项卡用于 Authorware 网络播放器的相关属性设置。在图 6－12 所示的对话框中，可以设置 Map 文件的片段文件的文件前缀名（Segment Prefix Name）、片段大小标准（Segment Size）等。注意：其中有个重要选项"Show Security Dialog"，即每次是否都显示 Authorware 网络播放器的安全提示对话框。网络播放器只有在信任的环境下才允许直接下载相关文件到用户的硬盘上，否则会提示出错。

（4）"Web Page"选项卡

"Web Page"选项卡可进行网页相关属性设置。在如图 6－13 所示的"Web Page"设置对话框中，可以设置网络发布页面的 HTML 模板（HTML Template）、网页标题（Page Title）、网页的大小（宽高度）、背景颜色（BgColor）等属性。同时，可设置播放器

（Web Player）的版本和窗口风格。

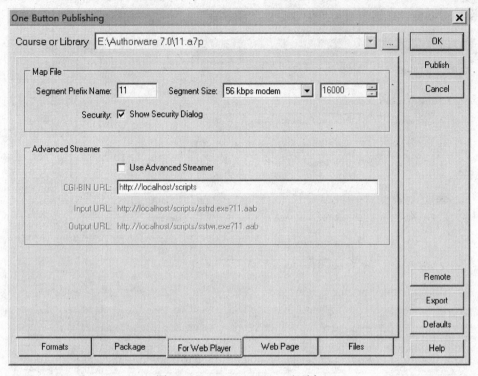

图 6 – 12 For Web Player 选项卡

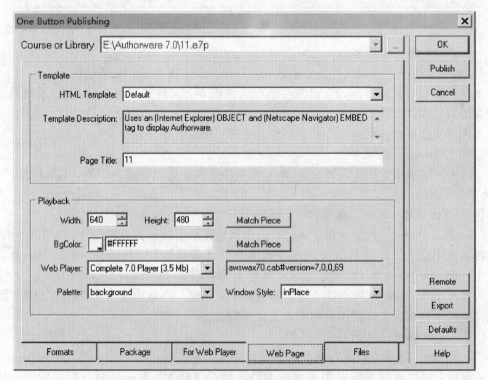

图 6 – 13 Web Page 选项卡

（5）"Files"选项卡

"Files"选项卡如图6-14所示。在文件列表框中列出了该程序打包的所有相关文件，可以浏览文件、添加文件和清除文件等。

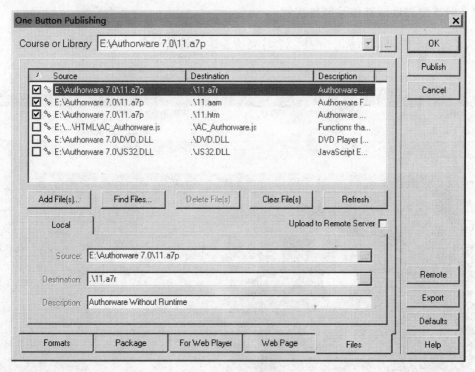

图6-14　Files 选项卡

6.6.2　直接发布和远程发布

所有属性设置完毕后，单击"Publish"按钮，系统就会自动按照设置进行发布工作。

"一键发布"还支持把作品直接发布到 FTP 网络服务器上。在图6-12对话框中，点击右下方的"Remote"按钮，出现如图6-15所示的对话框。用户正确填写网络服务器主机的有关登录信息后，点击右方的"Publish"按钮发布时，系统就会自动把文件上传到设置的主机上，而不必通过第三方的 FTP 上传工具。

图6-15　Remote 发布设置

6.7　案例导航

6.7.1　月亮绕着地球转作品制作实例

实例任务：用 Authorware 制作一个月亮绕着地球转的简单多媒体作品。作品运行演示效果如图 6 – 16 所示。

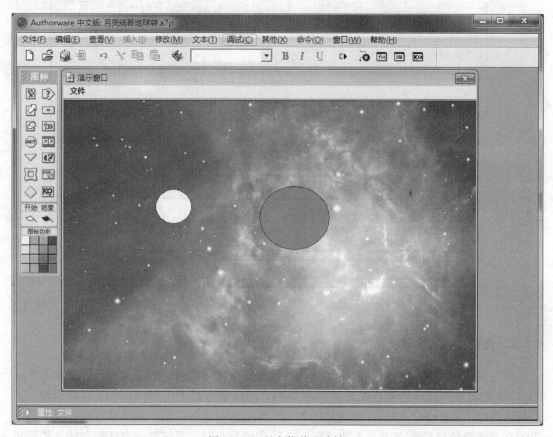

图 6 – 16　月亮绕着地球转

实例制作步骤：

（1）启动 Authorware 后，点击"文件"菜单中的"新建"，建一新文件。

（2）拖动显示图标到流程线上，重命名为背景星空。双击这个图标，在演示窗口中，点击"插入"菜单中的"图像"，将星空背景图片插入进来，调整好大小和位置。

（3）拖动显示图标到流程线上，重命名为 earth。双击这个图标，在此窗口中，用工具画一个稍大点的圆，填充好颜色，表示地球。

（4）拖动显示图标到流程线上，重命名为 moon。双击这个图标，在此窗口中，用工具画一个稍小点的圆，填充好颜色，表示月亮。

（5）单击地球图标，再按住 shift 不放，同时双击月亮图标。这时，在打开的窗口中将同时显示地球和月亮两个图片，调整好两者之间的距离。如图 6 – 17 所示。

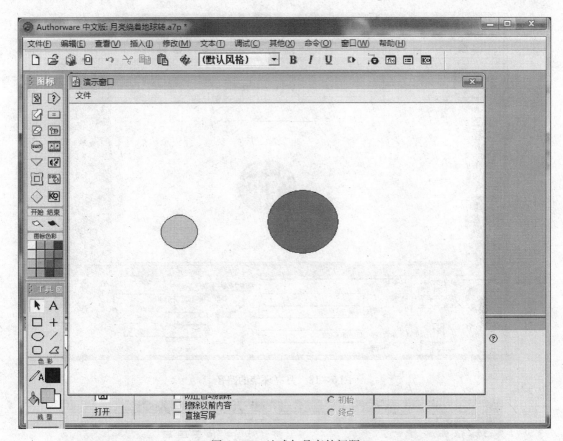

图 6-17　地球与月亮的间距

（6）为使球能动起来，拖动移动图标到 moon 下，重命名为 move，并拖动 moon 图标至 move 上，使两者关联起来。

（7）单击 move 图标，在窗口的下方会弹出 move 的属性对话框；在移动类型中选择"指向固定路径的终点"，再双击 move 图标，这时两个球的图片就会出现在弹出的演示窗口中。单击月亮，月亮图片中会出现一个小的黑色三角形，按住拖动月亮图片一段一段地移动，会出现如图 6-18 所示的路径。

（8）继续拖动，让路径形成一个如图 6-19 所示的首尾相连的路径，再依次单击每个折点，使之曲线平滑。

（9）单击运行按钮，可以看到月亮沿着曲线运动起来了。但发现运动太快，并只能绕地球一次。如果运动太快，可以设置时间长一点，比如设置 6 分钟。

（10）演示发现月亮只沿着曲线绕地球转动一次。如果希望月亮沿着曲线绕地球不停地转动，则可在 move 移动图标的属性对话框中进行如下设置：将"执行方式"设为"同时"，并将"移动当"设置为"1"。最后保存即可。

6.7.2　兔子奔跑作品制作实例

实例任务： 用 Authorware 制作一个具有镜头变换效果的兔子奔跑的简单多媒体作品。

实例制作步骤：

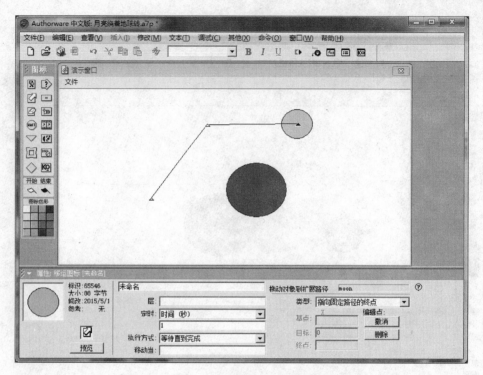

图 6 – 18　月亮环绕的路径

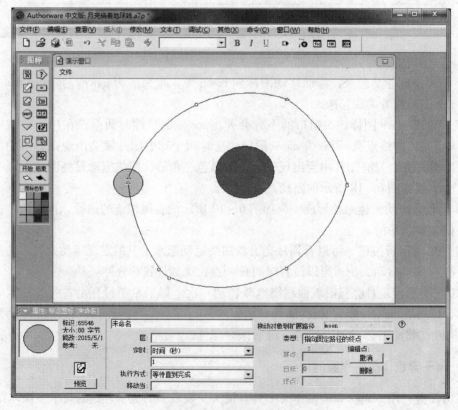

图 6 – 19　平滑路径曲线

有前一案例为基础，本案例只给出主要步骤。

（1）新建文件。

（2）拖动显示图标到流程线上，并命名为"兔子1"。双击此显示图标，在演示窗口中，插入准备好的兔子图片，并调整好位置和大小。

（3）拖动等待图标到流程线上，单击此 wait 图标，在窗口下方弹出的对话框中进行如下设置："时限"为 0.2 秒，"按任意键"和"显示按钮"前的钩都取消。

（4）拖动擦除图标到流程线上等待图标下。然后，将"兔子1"显示图标拖到擦除图标上，建立关联。并重命名为"兔子2"。

（5）选择前面设计好的三个图标，执行复制操作。

（6）在流程线上进行粘贴操作。这时，流程线上增加了三个刚设计的图标，将显示图标重命名为"兔子3"，并双击显示图标，在弹出的演示窗口中，调整好兔子的位置，并放大。

（7）重复第 6 步操作，根据自己设计的兔子奔跑的路线调整兔子的大小和位置，建议由小到大，转方向再变小。

（8）运行演示，保存即可。

习　　题

6-1 简述多媒体作品制作的过程。

6-2 Authorware 有哪些交互方式？

6-3 用 Authorware 制作一个点歌系统。当按下不同歌曲的按钮时，开始播放选定的歌曲。

6-4 用 Authorware 创建一个拼图游戏。当图片放置在正确的位置时将不可再移动，如果放置在错误的位置则将返回制作课程测试作品。

6-5 用 Authorware 创建一个简单画线绘图程序。程序包括如下功能：可调线宽和颜色，能显示坐标。

7 流 媒 体

◆◆

【学习提示】

◆学习目标

➤了解流媒体技术的相关概念

➤初步熟悉流媒体编程方法

◆核心概念

流媒体；流媒体技术；RTP 协议；RTSP 协议

◆◆

7.1 流媒体基本知识

随着 Internet 的日益普及，在网络上传输的数据已经不再局限于文字和图形，而是逐渐向声音和视频等多媒体格式过渡。目前在网络上传输音频/视频（Audio/Video，简称 A/V）等多媒体文件时，基本上只有下载和流式传输两种选择。通常说来，A/V 文件占据的存储空间都比较大，在带宽受限的网络环境中下载可能要耗费数分钟甚至数小时，所以这种处理方法的延迟很大。如果换用流式传输的话，声音、影像、动画等多媒体文件将由专门的流媒体服务器负责向用户发送，用户只需要经过几秒钟的启动延时就可以播放文件。当这些多媒体数据在客户机上播放的同时，文件的剩余部分将继续从流媒体服务器下载。

7.1.1 流媒体的相关概念

流（Streaming）是近年在 Internet 上出现的新概念，其定义非常广泛，主要是指通过网络传输多媒体数据的技术总称。流媒体包含广义和狭义两种内涵。广义上的流媒体指的是使音频和视频形成稳定和连续的传输流和回放流的一系列技术、方法和协议的总称，即流媒体技术；狭义上的流媒体是相对于传统的下载－回放方式而言的，指的是一种从 Internet 上获取音频和视频等多媒体数据的新方法，它能够支持多媒体数据流的实时传输和实时播放。

流式传输方式将视频和音频等多媒体文件经过特殊的压缩方式分成一个个压缩包。压缩包由服务器向用户计算机连续、实时传送。

目前实现流媒体传输主要有两种方法：顺序流（progressive streaming）传输和实时流（realtime streaming）传输。它们分别适合于不同的应用场合。

7.1.1.1 顺序流传输

顺序流传输采用顺序下载的方式进行传输，在下载的同时用户可以在线回放多媒体数据，但在给定时刻只能观看已经下载的部分，不能跳到尚未下载的部分，也不能在传输期间根据网络状况对下载速度进行调整。标准的 HTTP 服务器就可以发送这种形式的流媒体，而不需要其他特殊协议的支持，因此，这种传输也常常被称作 HTTP 流式传输。顺序流式传输比较适合于高质量的多媒体片段（如片头、片尾或者广告等）的传输。

7.1.1.2 实时流传输

实时流式传输保证媒体信号带宽能够与当前网络状况相匹配，从而使得流媒体数据总是被实时地传送，因此特别适合于现场事件。实时流传输支持随机访问，即用户可以通过快进或者后退操作来观看前面或者后面的内容。从理论上讲，实时流媒体一经播放就不会停顿，但事实上仍有可能发生周期性的暂停现象，尤其在网络状况恶化时更是如此。与顺序流传输不同的是，实时流传输需要用到特定的流媒体服务器，而且还需要特定网络协议的支持。

7.1.2 流媒体技术方式

目前，流行的流媒体技术有三种，分别是 Apple 公司的 QuickTime 技术、RealNetworks 公司的 RealMedia 技术和 Microsoft 公司的 WindowsMedia 技术。这三家的技术都有自己的专利算法、专利文件格式和专利传输控制协议。

7.1.2.1 Apple 公司的 QuickTime

QuickTime 是一个非常老牌的媒体技术集成，是数字媒体领域事实上的工业标准。之所以说"集成"这个词，是因为 QuickTime 实际上是一个开放式的架构，包含了各种各样的流式或者非流式的媒体技术。QuickTime 是最早的视频工业标准，1999 年发布的 Quick-Time4.0 版本开始支持真正的流式播放。由于 QuickTime 本身也存在着平台的便利（MacOS），因此也拥有不少的用户。QuickTime 在视频压缩上采用的是 SorensonVideo 技术，音频部分则采用 QDesignMusic 技术。QuickTime 最大的特点是其本身所具有的包容性，使得它是一个完整的多媒体平台，因此基于 QuickTime 可以使用多种媒体技术来共同制作媒体内容。同时，它在交互性方面是三者之中最好的。例如，在一个 QuickTime 文件中可同时包含 midi、动画 gif、Flash 和 smil 等格式的文件，配合 QuickTime 的 WiredSprites 互动格式，可设计出各种互动界面和动画。QuickTime 流媒体技术实现基础需要 3 个软件的支持：QuickTime 播放器、QuickTime 编辑制作、QuickTimeStreaming 服务器。

7.1.2.2 RealNetworks 公司的 RealMedia

RealMedia 发展的时间比较长，因此具有很多先进的设计。例如，ScalableVideoTechnology 可伸缩视频技术可以根据用户电脑速度和连接质量而自动调整媒体的播放质素；Two–passEncoding 两次编码技术可通过对媒体内容进行预扫描，再根据扫描的结果来编码，从而提高编码质量。再如 SureStream 自适应流技术，可通过一个编码流提供自动适合不同带宽用户的流播放。RealMedia 的音频部分采用的是 RealAudio 编码。该编码在低带宽环境下的传输性能非常突出。RealMedia 通过基于 smil 并结合自己的 RealPix 和 RealText 技术来达到一定的交互能力和媒体控制能力。Real 流媒体技术需要 3 个软件的支持：RealPlayer 播放器、RealProducer 编辑制作、RealServer 服务器。

7.1.2.3 Microsoft 公司的 WindowsMedia

WindowsMedia 是三家之中最后进入这个市场的，但凭借其操作系统的便利很快便取得了较大的市场份额。WindowsMediaVideo 采用的是 mpeg - 4 视频压缩技术，音频方面采用的是 WindowsMediaAudio 技术。WindowsMedia 的关键核心是 MMS 协议和 ASF 数据格式，MMS 用于网络传输控制，ASF 则用于媒体内容和编码方案的打包。目前，WindowsMedia 在交互能力方面是三者之中最弱的，自己的 ASF 格式交互能力不强，除了通过 IE 支持 smil 之外，就没有什么其他的交互能力了。WindowsMedia 流媒体技术的实现需要 3 个软件的支持：WindowsMedia 播放器、WindowsMedia 工具和 WindowsMedia 服务器。一般来说，如果使用 Windows 服务器平台，则使用 WindowsMedia 所需的费用最少。在现阶段，WindowsMedia 的功能并不是最好的，用户也不是最多的。

7.1.3 流媒体技术问题

流媒体技术不是一种单一的技术，它是网络技术及视/音频技术的有机结合。在网络上实现流媒体技术，需要解决流媒体的制作、发布、传输及播放等方面的问题。通常，这些问题需要利用视/音频技术及网络技术来解决。

7.1.3.1 流媒体制作技术方面需解决的问题

在网上进行流媒体传输，所传输的文件必须制作成流媒体格式文件。由于一般格式存储的多媒体文件容量十分大，若要在现有的窄带网络上传输则需要花费十分长的时间。若遇网络繁忙，还将造成传输中断。另外，一般格式的多媒体也不能按流媒体传输协议进行传输。因此，对需要进行流式传输的文件应进行预处理，将文件压缩生成流媒体格式文件。处理时应注意两点：一是选用适当的压缩算法进行压缩，以保证生成的文件容量较小；二是需要向文件中添加流式信息。

7.1.3.2 流媒体传输方面需解决的问题

流媒体的传输需要合适的传输协议。目前，在 Internet 上的文件传输大部分都是建立在 TCP 协议的基础上，也有一些是基于 FTP 传输协议。但采用这些传输协议都不能实现实时方式的传输。随着流媒体技术的深入研究，目前比较成熟的流媒体传输一般都采用建立在 UDP 协议上的 RTP/RTSP 实时传输协议。相对而言，TCP 协议注重传输质量，而 UDP 协议则注重传输速度。因此，对于对传输质量要求不是很高，而对传输速度有很高要求的视/音频流媒体文件来说，采用 UDP 协议则更合适。

7.1.3.3 流媒体传输正确性方面需解决的问题

Interent 网上的数据是以包为单位进行异步传输的。因此，多媒体数据在传输中要被分解成许多包。由于网络传输的不稳定性，各个包所选择的路由不同，到达客户端的时间次序可能发生改变，甚至可能产生丢包的现象。为此，必须采用缓存技术来纠正由于数据到达次序发生改变而产生的混乱状况。利用缓存对到达的数据包进行正确排序，从而使视/音频数据能连续正确地播放。采用缓存技术时，缓存中存储的是某一段时间内的数据，数据在缓存中存放的时间是暂时的，缓存中的数据也是动态的，不断更新的。流媒体在播放时不断读取缓存中的数据进行播放，播放完后该数据便被立即清除，新的数据将存入到缓存中。因此，播放流媒体文件时，并不需要占用太大的缓存空间。

7.1.3.4 流媒体播放方面需解决的问题

流媒体播放需要浏览器的支持。通常，浏览器采用 MIME 来识别各种不同的简单文件格式，而所有的 Web 浏览器都基于 HTTP 协议（HTTP 协议都内建有 MIME）。所以，利用 Web 浏览器就能够通过 HTTP 协议内建的 MIME 来标记 Web 上众多的多媒体文件格式，包括各种流媒体格式。

7.1.4　流媒体文件格式

流媒体文件格式是支持采用流式传输及播放方式的媒体格式。根据声音流、视频流、文本流、图像流、动画流的不同，常用的流媒体文件格式包括如下几种：

- RA：实时声音。
- RM：实时视频或音频的实时媒体。
- RT：实时文本。
- RP：实时图像。
- SMIL：同步的多重数据类型综合设计文件。
- SWF：Micromedia 的 Real Flash 和 Shockwave Flash 动画文件。
- RPM：HTML 文件的插件。
- RAM：流媒体的元文件，是包含 RA、RM、SMIL 文件地址（URL 地址）的文本文件。
- CSF：一种类似媒体容器的文件格式，可以将非常多的媒体格式包含在其中，而不仅仅限于音、视频，它可以把 PPT 和教师讲课的视频完美结合。
- QuickTime/MOV：Apple 公司支持的流媒体文件。
- ASF/WMV/WMA/AVI/MPEG/MPG/DAT：Microsoft 公司支持的流媒体文件。
- SWF/MTS/AAM：Micromedia 公司支持的流媒体文件。其中，AAM 是多媒体教学课件格式，可将 Authorware 生成的文件压缩为 AAM 和 AAS 流式文件播放。

7.1.5　流媒体技术的应用

互联网的迅猛发展和普及为流媒体技术发展提供了强大市场动力。流媒体技术广泛用于多媒体新闻发布、在线直播、网络广告、电子商务、视频点播、远程教育、远程医疗、网络电台、实时视频会议等互联网信息服务的各个方面。

7.1.5.1　远程教学

在远程教学过程中，最基本的要求是将信息从教师端传递到远程的学生端，需要传递的信息可能是多元化的，这其中包括各种类型的数据：如视频、音频、文本、图片等。将这些资料从一端传递到另一端是远程教学需要解决的问题，而如何将这些信息资料有效地组合起来以达到更好的教学效果，更是需要思考的重要方面。由于当前网络带宽的限制，流式媒体无疑是最佳的选择。学生可以在家通过一台计算机、一条电话线、一只 Modem 就可以参加到实时远程教学当中来。对于教师来讲，也无须做过多的准备，授课方法基本与传统授课方法相同，只不过面对的是摄像头和计算机而已。目前，能够在互联网上进行多媒体交互教学的技术多为流媒体，像 Real System、Flash、Shockwave 等技术就经常应用到网络教学中。

使用流媒体中的 VOD（Video On Demand，视频点播）技术，可以达到因材施教、交互式的教学目的。学生也可以通过网络共享自己的学习经验和成果。大型企业可以利用基于流技术的远程教育系统作为对员工进行培训的手段，将视频和音频，以及计算机屏幕的图形捕捉内容用流的方式传送给学员。例如，微软公司内部就大量使用了自己的流技术产品作为其全球各分公司间员工培训和交流的手段。目前，已有越来越多的远程教育网站开始采用流媒体技术作为主要的网络教学方式。

7.1.5.2　宽带网视频点播

随着计算机的发展，VOD 视频点播技术日趋完善，逐渐应用于局域网及有线电视网中。但是，音频和视频信息的庞大容量在一定程度上阻碍了 VOD 技术的发展。VOD 系统中，服务器端不仅需要大量的存储空间，同时还要负荷大量的数据传输，导致服务器无法完成大规模的点播任务。同时，局域网中的视频点播覆盖范围小，用户无法通过互联网等媒介收听或观看局域网内的节目。流媒体技术的出现，使得上述困难得以解决。流媒体经过特殊的压缩编码后，很适合在互联网上传输。客户端直接采用浏览器方式进行点播，基本无须维护。

随着宽带网和信息家电的发展，流媒体技术会越来越广泛地应用于视频点播系统。当前，很多大型的新闻娱乐媒体都在 Internet 上提供基于流技术的音/视频节目（有人将这种 Internet 上的播放节目称之为 "webcast"）。例如，国外的 CNN、CBS，以及我国的中央电视台、北京电视台等。

7.1.5.3　互联网直播

随着互联网的普及，网民越来越多。从互联网上直接收看体育赛事、重大庆典、商贸展览成为很多网民的愿望。而很多厂商希望借助网上直播的形式将自己的产品和活动传遍全世界。这一切促成了互联网直播的形成。网络带宽问题一直困扰着互联网直播的发展。随着宽带网的不断普及和流媒体技术的不断改进，互联网直播已经从实验阶段走向了实用阶段，并能够提供用户较满意的音、视频效果。

流媒体技术在互联网直播中充当着重要的角色。首先，流媒体实现了在低带宽的环境下提供高质量的影音效果。其次，像 Real 公司的 SureStream 这样的智能流技术还可以保证不同连接速率下的用户可以得到不同质量的影音效果。此外，流媒体的 Multicast（多址广播）技术可以大大减少服务器端的负荷，同时最大限度地节省带宽。

无论从技术上还是从市场上考虑，现在互联网直播是流媒体众多应用中最成熟的一个。已经有很多公司提供网上直播服务。例如，我国每年一度的《春节晚会》就提供网上现场直播。

7.1.5.4　视频会议

视频会议涉及数据采集、数据压缩、网络传输等多项技术。市场上的视频会议系统有很多，这些产品基本都支持 TCP/IP 网络协议，但采用流媒体技术作为核心技术的系统并不占多数。

流媒体并不是视频会议必需的选择，但是流媒体技术的出现对视频会议的发展起了很重要的作用。采用流媒体格式传输影音，使用户不必等待整个影片传送完毕，就可以实时的连续不断地观看，这样不但改善观看前的等待问题，还可以达到即时的效果。

视频会议是流媒体的一个商业用途。通过流媒体，可以进行点对点的通信，最常见的例子就是可视电话。只要用户有一台已经接入互联网的电脑和一个摄像头，就可以与世界任何地点的人进行音/视频的通信。此外，大型企业可以利用基于流技术的视频会议系统

来组织跨地区的会议和讨论，从而能够节省大量的开支。例如，美国第二大证券交易商从
1998 年开始，采用 Starlight Network 公司提供的流技术方案，为其分布在全球 500 多个城
市和地区的分公司经纪人和投资咨询员实时提供到桌面的财经新闻，为客户获取了更多的
投资利润。

7.2　流媒体的传输

在流式传输的实现方案中，一般采用 HTTP/TCP 来传输控制信息，而用 RTP/UDP 来
传输实时声音数据。具体的流媒体传输流程如下：

第 1 步，Web 浏览器与 Web 服务器之间使用 HTTP/TCP 交换控制信息，以便把需要
传输的实时数据从原始信息中检索出来。

第 2 步，用 HTTP 从 Web 服务器检索相关数据，由 A/V 播放器进行初始化。

第 3 步，用 Web 服务器检索出来的相关服务器的地址定位 A/V 服务器。

第 4 步，在 A/V 播放器与 A/V 服务器之间交换 A/V 传输所需要的实时控制协议。

第 5 步，一旦 A/V 数据抵达客户端，A/V 播放器就可开始播放。

流媒体的传输过程涉及多种传输协议和控制协议。主要包括：资源预留协议（RS-
VP）、实时传输协议（RTP）、实时传输控制协议（RTCP）、微软流媒体服务协议
（MMS）、实时流传输协议（RTSP）、多目因特网电子邮件扩展协议（MIME）、Adobe 实
时消息协议簇（RTMP/RTMPE/RTMPS/RTMPT）、Adobe 实施消息流协议（RTMFP，即
P2P）。

下面简要介绍实时传输协议（RTP）和实时流传输协议（RTSP）。

7.2.1　实时传输协议（RTP）

实时传输协议（Real－time Transport Protocol，RTP）是 Internet 上处理多媒体数据流
的一种网络协议。该协议详细说明了在互联网上传递音频和视频的标准数据包格式。RTP
协议通常使用 UDP 来进行多媒体数据的传输，能够在一对一单播（unicast）或者一对多
多播（multicast）的网络环境中实现流媒体数据的实时传输，常用于流媒体系统（配合
RTSP 协议）、视频会议和一键通（Push to Talk）系统（配合 H.323 或 SIP）。目前，该协
议已成为 IP 电话产业的技术基础。

RTP 协议由两个密切相关的部分组成：RTP 数据协议和 RTCP 控制协议。

7.2.1.1　RTP 数据协议

RTP 数据协议负责对流媒体数据进行封包并实现媒体流的实时传输。每一个 RTP 数据
包都由头部（Header）和负载（Payload）两个部分组成，其中头部前 12 个字节的含义是
固定的，而负载则可以是音频或者视频数据。RTP 数据包的头部格式如图 7-1 所示。

从 RTP 数据包的格式不难看出，它包含了传输媒体的类型、格式、序列号、时间戳以
及是否有附加数据等信息，这些都为实时的流媒体传输提供了相应的基础。

RTP 数据包的头部域含义如下：

- 版本（V）：定义 RTP 的版本。
- 填料（P）：若该域被设置，表示此包包含一到多个附加在末端的填充比特，不是

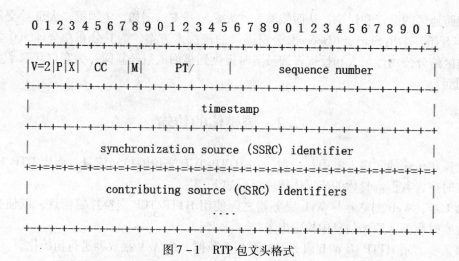

```
0 1 2 3 4 5 6 7 8 9 0 1 2 3 4 5 6 7 8 9 0 1 2 3 4 5 6 7 8 9 0 1
+-+-+-+-+-+-+-+-+-+-+-+-+-+-+-+-+-+-+-+-+-+-+-+-+-+-+-+-+-+-+-+-+
|V=2|P|X|  CC   |M|     PT/    |          sequence number          |
+-+-+-+-+-+-+-+-+-+-+-+-+-+-+-+-+-+-+-+-+-+-+-+-+-+-+-+-+-+-+-+-+
|                           timestamp                           |
+-+-+-+-+-+-+-+-+-+-+-+-+-+-+-+-+-+-+-+-+-+-+-+-+-+-+-+-+-+-+-+-+
|          synchronization source (SSRC) identifier            |
+=+=+=+=+=+=+=+=+=+=+=+=+=+=+=+=+=+=+=+=+=+=+=+=+=+=+=+=+=+=+=+=+
|          contributing source (CSRC) identifiers              |
|                              ....                            |
+-+-+-+-+-+-+-+-+-+-+-+-+-+-+-+-+-+-+-+-+-+-+-+-+-+-+-+-+-+-+-+-+
```

图 7 - 1　RTP 包文头格式

负载的一部分。填料的最后一个字节包含可以忽略多少个填充比特。填料可能用于某些具有固定长度的加密算法，或者在底层数据单元中传输多个 RTP 包。

- 扩展（X）：若设置扩展比特，固定头后面跟随一个头扩展。
- CSRC 计数（CC）：CSRC 计数包含了跟在固定头后面 CSRC 识别符的数目。
- 标志（M）：标志的解释由具体协议规定。它允许用来在比特流中标记重要的事件，如帧范围。
- 负载类型（PT）：此域标明 RTP 负载的格式，包括所采用的编码算法、采样频率、承载通道等。由具体应用决定其解释。协议可以规定负载类型码和负载格式之间一个默认的匹配。其他的负载类型码可以通过非 RTP 方法动态定义。RTP 发射机在任意给定时间发出一个单独的 RTP 负载类型。
- 序列号（sequence number）：用来为接收方提供探测数据丢失的方法，但如何处理丢失的数据则由应用程序决定，RTP 协议本身并不负责数据的重传。每发送一个 RTP 数据包，序列号加 1，接收机可以据此检测包损和重建包序列。序列号的初始值是随机的（不可预测），即便在源本身不加密时（有时包要通过翻译器，它会这样做），对加密算法泛知的普通文本攻击也会更加困难。
- 时间戳（timestamp）：记录了负载中第一个字节的采样时间，接收方根据时间戳来确定数据的到达是否受到了延迟抖动的影响，但具体如何来补偿延迟抖动，则由应用程序决定。抽样瞬间必须由随时间单调和线形增长的时钟得到，以进行同步和抖动计算。时钟的分辨率必须满足要求的同步准确度，足以进行包到达抖动测量。时钟频率与作为负载传输的数据格式独立，在协议中或定义此格式的负载类型说明中静态定义，也可以在通过非 RTP 方法定义的负载格式中动态说明。若 RTP 包周期性生成，可以使用由抽样时钟确定的额定抽样瞬间，而不是读系统时钟。例如，对于固定速率语音，时间戳可以设为每个抽样周期加 1。若语音设备从输入设备读取覆盖 160 个抽样周期的数据块，对于每个这样的数据块，时间戳增加 160，而无论此块是被发送还是被静音压缩。时间戳的起始值是随机的，多个连续的 RTP 包可能有同样的时间戳。
- 同步源（SSRC）：用以识别同步源。标识符被随机生成，以使在同一个 RTP 会话期中没有任何两个同步源有相同的 SSRC 识别符。尽管多个源选择同一个 SSRC 识别符的概率很低，但所有 RTP 实现工具还是都必须准备检测和解决冲突。若一个源改变了本身的源传输地址，必须选择新的 SSRC 识别符，以避免被当作一个环路源。

　　• 有贡献源（CSRC）列表：用于识别在此包中负载的有贡献源。识别符的数目在 CC 域中给定。若有贡献源多于 15 个，仅识别 15 个。CSRC 识别符由混合器插入，用有贡献源的 SSRC 识别符。例如语音包，混合产生新包的所有源的 SSRC 标识符都被陈列，以期在接收机处正确指示交谈者。

　　RTP 协议的目的是提供实时数据（如交互式的音频和视频）的端到端传输服务。因此，在 RTP 中没有连接的概念，它可以建立在底层的面向连接或面向非连接的传输协议之上。RTP 也不依赖于特别的网络地址格式，而仅仅只需要底层传输协议支持组帧（Framing）和分段（Segmentation）就足够了。另外，RTP 本身不提供任何可靠性机制，这些都要由传输协议或者应用程序自己来保证。在典型的应用场合下，RTP 一般是在传输协议之上作为应用程序的一部分加以实现的。

7.2.1.2　RTCP 控制协议

　　RTCP 控制协议需要与 RTP 数据协议一起配合使用，当应用程序启动一个 RTP 会话时，将同时占用两个端口，分别供 RTP 和 RTCP 使用。RTP 本身并不能为按序传输数据包提供可靠的保证，也不提供流量控制和拥塞控制，这些都由 RTCP 来负责完成。通常 RTCP 会采用与 RTP 相同的分发机制，向会话中的所有成员周期性地发送控制信息，应用程序通过接收这些数据，从中获取会话参与者的相关资料，以及网络状况、分组丢失概率等反馈信息，从而能够对服务质量进行控制或者对网络状况进行诊断。

　　RTCP 协议通过不同的 RTCP 数据包来实现其控制功能。RTCP 数据包主要有以下几种类型：

　　• SR：发送端报告。所谓发送端是指发出 RTP 数据包的应用程序或者终端，发送端同时也可以是接收端。

　　• RR：接收端报告。所谓接收端是指仅接收但不发送 RTP 数据包的应用程序或者终端。

　　• SDES：源描述。其主要功能是作为会话成员有关标识信息的载体，如用户名、邮件地址、电话号码等，此外还具有向会话成员传达会话控制信息的功能。

　　• BYE：通知离开。其主要功能是指示某一个或者几个源不再有效，即通知会话中的其他成员自己将退出会话。

　　• APP：由应用程序自己定义的数据包。APP 解决了 RTCP 的扩展性问题，为协议的实现提供了很大的灵活性。

　　RTCP 数据包携带有服务质量监控的必要信息，能够对服务质量进行动态的调整，并能够对网络拥塞进行有效的控制。由于 RTCP 数据包采用的是多播方式，因此会话中的所有成员，都可以通过 RTCP 数据包返回的控制信息来了解其他参与者的当前情况。

　　在一个典型应用中，发送媒体流的应用程序将周期性地产生发送端报告 SR。该 RTCP 数据包含有不同媒体流间的同步信息，以及已经发送的数据包和字节的计数。接收端根据这些信息可以估计出实际的数据传输速率。另一方面，接收端会向所有已知的发送端发送接收端报告 RR，该 RTCP 数据包含有已接收数据包的最大序列号、丢失的数据包数目、延时抖动和时间戳等重要信息。发送端根据这些信息可以估计出往返时延，并且可以根据数据包丢失概率和时延抖动情况动态调整发送速率，以改善网络拥塞状况，或者根据网络状况平滑地调整应用程序的服务质量。

7.2.2　实时流传输协议（RTSP）

实时流协议（Real Time Streaming Protocol，RTSP）是用来控制声音或影像的多媒体串流协议，最早由 Real Networks 和 Netscape 公司共同提出。该协议位于 RTP 和 RTCP 之上，其目的是希望通过 IP 网络有效地传输多媒体数据。

作为一个应用层协议，RTSP 提供了一个可供扩展的框架，它的意义在于使得实时流媒体数据的受控和点播变得可能。RTSP 是一个流媒体表示协议，主要用来控制具有实时特性的数据发送。它本身并不传输数据，而是必须依赖于下层传输协议所提供的某些服务。RTSP 可以对流媒体提供诸如播放、暂停、快进等操作，并负责定义具体的控制消息、操作方法、状态码等，以及与 RTP 间的交互操作。

为了兼容现有的 Web 基础结构，RTSP 在制定时较多地参考了 HTTP/1.1 协议。RTSP 使用与 HTTP/1.1 类似的语法和操作，许多描述与 HTTP/1.1 完全相同。因此，HTTP/1.1 的扩展机制大都可以直接引入到 RTSP 中。

由 RTSP 控制的媒体流集合可以用表示描述（Presentation Description）来定义。所谓表示，是指流媒体服务器提供给客户机的一个或者多个媒体流的集合，而表示描述则包含了一个表示中各个媒体流的相关信息，如数据编码/解码算法、网络地址、媒体流的内容等。

虽然 RTSP 服务器也使用标识符来区别每一流连接会话（Session），但 RTSP 连接并没有被绑定到传输层连接（如 TCP 等）。也就是说，在整个 RTSP 连接期间，RTSP 用户可打开或者关闭多个对 RTSP 服务器的可靠传输连接以发出 RTSP 请求。此外，RTSP 连接也可以基于面向无连接的传输协议（如 UDP 等）。

RTSP 协议目前支持以下操作：

●检索媒体：允许用户通过 HTTP 或者其他方法向媒体服务器提交一个表示描述。如果表示是组播的，则表示描述包含用于该媒体流的组播地址和端口号；如果表示是单播的，为了安全，在表示描述中只提供目的地址。

●邀请加入：媒体服务器可以被邀请参加正在进行的会议，或者在表示中回放媒体，或者在表示中录制全部媒体或其子集。该操作非常适合于分布式教学。

●添加媒体：通知用户新加入的可利用媒体流。该操作对现场讲座来讲显得尤其有用。与 HTTP/1.1 类似，RTSP 请求也可以交由代理、通道或者缓存来进行处理。

7.3　流媒体编程工具 JRTPLIB

多媒体数据在 Internet 上发挥的作用变得越来越重要，需要实时传输音频和视频等多媒体数据的场合也越来越多。作为在 Internet 上进行实时流媒体传输的一种协议，RTP 是目前解决流媒体实时传输问题的最好办法，已经广泛地应用在各种场合。根据应用需求进行实时流媒体编程时，可以考虑使用一些开放源代码的 RTP 库，如 LIBRTP、JRTPLIB 等。

JRTPLIB 就是一个面向对象的 RTP 封装库，用它可以很方便地完成实时流媒体的编程工作。

下面就以 JRTPLIB 为例，讲述如何在 Linux 平台上运用 RTP 协议进行实时流媒体编程。

7.3.1　环境搭建

JRTPLIB 是一个用 C++ 语言实现的 RTP 库，目前可运行在 Windows、Linux、FreeBSD、Solaris、Unix 和 VxWorks 等多种操作系统上。为 Linux 系统安装 JRTPLIB，首先需从 JRT-PLIB 的网站（http：//lumumba. luc. ac. be/jori/jrtplib/jrtplib. html）下载最新的源码包（此处使用 jrtplib – 2. 7 b. tar. bz2）。假设下载后的源码包保存在/usr/local/src 目录下，执行下面的命令可以对其进行解压缩：

```
[root@linuxgam src]#bzip2 – dc jrtplib – 2. 7 b. tar. bz2 | tar xvf –
```

解压后需要对 JRTPLIB 进行配置和编译。具体命令如下：

```
[root@linuxgam src]#cd jrtplib – 2. 7
[root@linuxgam jrtplib – 2. 7 b]#. /configure
[root@linuxgam jrtplib – 2. 7 b]# make
```

最后，再执行如下命令就可以完成 JRTPLIB 的安装：

```
[root@linuxgam jrtplib – 2. 7 b]# make install
```

7.3.2　初始化

使用 JRTPLIB 进行实时流媒体数据传输之前，首先应该生成 RTPSession 类的一个实例来表示此次 RTP 会话，然后调用 Create() 方法来对其进行初始化操作。RTPSession 类的 Create() 方法只有一个参数，用来指明此次 RTP 会话所采用的端口号。下面程序 initial. cpp 给出了一个最简单的初始化框架。该框架仅负责完成 RTP 会话的初始化工作，不具备任何实际的功能。

initial. cpp 代码如下：

```
#include "rtpsession. h"
int main( void)
{
RTPSession sess;
sess. Create(5000);
return 0;
}
```

如果 RTP 会话创建过程失败，Create() 方法将会返回一个负数。通过返回值虽然可以很容易地判断出函数调用是否成功，但很难明白出错的原因。JRTPLIB 采用了统一的错误处理机制，它提供的所有函数如果返回负数，就表明出现了某种形式的错误，而具体的出错信息则可以通过调用 RTPGetErrorString() 函数得到。RTPGetErrorString() 函数将错误代码作为参数传入，然后返回该错误代码所对应的错误信息。下面程序 framework. cpp 给出了一个更加完整的初始化框架，它可以对 RTP 会话初始化过程中所产生的错误进行更好的处理。

framework. cpp 代码如下：

```
#include  < stdio. h >
#include "rtpsession. h"
int main( void)
{
RTPSession sess;
int status;
char * msg;
sess. Create(6000);
msg = RTPGetErrorString( status);
printf("Error String：% s//n", msg);
return 0;
}
```

　　RTP 会话初始化过程所要进行的另外一项重要工作，就是设置恰当的时间戳单元。该工作通过调用 RTPSession 类的 SetTimestampUnit( ) 方法来实现。该方法只有一个参数，表示的是以秒为单元的时间戳单元。例如下面语句中，使用 RTP 会话传输 8000Hz 采样的音频数据时，由于时间戳每秒钟递增 8000，所以，时间戳单元相应地应该被设置成 1/8000。

```
sess. SetTimestampUnit (1. 0/8000. 0);
```

7. 3. 3　数据发送

　　RTP 会话建立成功后，就可以开始进行流媒体数据的实时传输了。首先，需要设置好数据发送的目标地址。RTP 协议允许同一会话存在多个目标地址，这可以通过调用 RTP-Session 类的 AddDestination( )、DeleteDestination( ) 和 ClearDestinations( ) 方法来完成。例如，下面的语句表示的是让 RTP 会话将数据发送到本地主机的 6000 端口：

```
unsigned long addr = ntohl( inet_ addr("127. 0. 0. 1"));
sess. AddDestination( addr, 6000);
```

　　目标地址全部被指定之后，就可以调用 RTPSession 类的 SendPacket( ) 方法，向所有的目标地址发送流媒体数据。SendPacket( ) 是 RTPSession 类提供的一个重载函数，它具有下列多种形式：

```
int SendPacket(void * data, int len);
int SendPacket(void * data, int len, unsigned char pt, bool mark, unsigned long timestampinc);
int SendPacket(void * data, int len, unsigned short hdrextID, void * hdrextdata, int numhdrextwords);
int SendPacket(void * data, int len, unsigned char pt, bool mark, unsigned long timestampinc,
unsigned short hdrextID, void * hdrextdata, int numhdrextwords)
```

　　下面语句给出了 SendPacket( ) 最典型的用法，其中的 4 个参数分别表示要被发送的数据、将要发送数据的长度、RTP 负载类型、标识和时间戳增量：

```
sess. SendPacket(buffer, 5, 0, false, 10);
```

对于同一个 RTP 会话来讲，负载类型、标识和时间戳增量通常都是相同的，JRTPLIB 允许将它们设置为会话的默认参数。调用 RTPSession 类的 SetDefaultPayloadType( )、SetDefaultMark( ) 和 SetDefaultTimeStampIncrement( ) 方法来完成默认参数的设置。为 RTP 会话设置这些默认参数，可以简化数据的发送。例如，如果为 RTP 会话设置了默认参数：

```
sess.SetDefaultPayloadType(0);
sess.SetDefaultMark(false);
sess.SetDefaultTimeStampIncrement(10);
```

此后在进行数据发送时，只需指明要发送的数据及其长度就可以了。例如：

```
sess.SendPacket(buffer, 5);
```

7.3.4　数据接收

在流媒体数据的接收端，需要调用 RTPSession 类的 PollData( ) 方法来接收 RTP 或者 RTCP 数据包。由于同一个 RTP 会话中允许有多个参与者（源），所以，既可以通过调用 RTPSession 类的 GotoFirstSource( ) 和 GotoNextSource( ) 方法来遍历所有的源，也可以通过调用 RTPSession 类的 GotoFirstSourceWithData( ) 和 GotoNextSourceWithData( ) 方法来遍历那些携带有数据的源。从 RTP 会话中检测出有效的数据源之后，可以调用 RTPSession 类的 GetNextPacket( ) 方法从中抽取 RTP 数据包。当接收到的 RTP 数据包处理完之后，需要及时释放数据包。下面的代码示范了如何对接收到的 RTP 数据包进行处理：

```
if(sess.GotoFirstSourceWithData()) {
    do {
    RTPPacket *pack;
    pack = sess.GetNextPacket();
    //处理接收到的数据
    delete pack;
    } while(sess.GotoNextSourceWithData());
}
```

JRTPLIB 为 RTP 数据包定义了 3 种接收模式。每种接收模式都具体规定了到达的 RTP 数据包哪些将会被接受，哪些会被拒绝。通过调用 RTPSession 类的 SetReceiveMode ( ) 方法可以设置下列接收模式：

● RECEIVEMODE_ ALL：缺省接收模式，所有到达的 RTP 数据包都将被接受；

● RECEIVEMODE_ IGNORESOME：除了某些特定的发送者之外，所有到达的 RTP 数据包都将被接受，而被拒绝的发送者列表可以通过调用 AddToIgnoreList( )、DeleteFromIgnoreList( ) 和 ClearIgnoreList( ) 方法来进行设置；

● RECEIVEMODE_ ACCEPTSOME：除了某些特定的发送者之外，所有到达的 RTP 数据包都将被拒绝，而被接受的发送者列表可以通过调用 AddToAcceptList( )、DeleteFromAcceptList 和 ClearAcceptList( ) 方法来进行设置。

7.3.5　控制信息

JRTPLIB 是一个高度封装后的 RTP 库，程序员在使用时，很多时候并不用关心 RTCP

数据包是如何被发送和接收的。只要 PollData( ) 或者 SendPacket( ) 方法被成功调用，JRTPLIB 就能够自动对到达的 RTCP 数据包进行处理，并且还会在需要的时候发送 RTCP 数据包，从而能确保整个 RTP 会话过程的正确性。

另一方面，通过调用 RTPSession 类提供的 SetLocalName( )、SetLocalEMail( )、SetLocalLocation( )、SetLocalPhone( )、SetLocalTool( ) 和 SetLocalNote( ) 方法，允许程序员对 RTP 会话的控制信息进行设置。所有这些方法在调用时都带有两个参数，一个是 char 型的指针，指向将要被设置的数据；另一个是一个 int 型的数值，表明该数据中的前面多少个字符将会被使用。例如，下面的语句可以被用来设置控制信息中的电子邮件地址：

        sess. SetLocalEMail("xiaowp@ linuxgam. com", 19);

在 RTP 会话过程中，并非所有的控制信息都需要被发送。调用 RTPSession 类提供的 EnableSendName( )、EnableSendEMail( )、EnableSendLocation( )、EnableSendPhone( )、EnableSendTool( ) 和 EnableSendNote( ) 方法，可以为当前 RTP 会话选择将被发送的控制信息。

7.4　案例导航

下面给出一个简单实例，介绍如何利用 JRTPLIB 来进行实时流媒体编程。

实例任务：借助 JRTPLIB 编写一个由数据发送端程序和数据接收端程序两部分组成的流媒体处理程序，以实现简单的流媒体发送—接收功能。

实例制作步骤：

（1）按照 7.3.1 节中所述方法，安装 JRTPLIB，完成流媒体编程环境的搭建。

（2）参考 7.3.2 节中所述方法，编写数据发送端程序 sender. cpp。该程序负责生成 RTPSession 类的实例，并对实例进行初始化操作，同时负责向用户指定的 IP 地址和端口不断地发送 RTP 数据包。sender. cpp 的完整代码如下：

```
#include < stdio. h >                              int status, index;
#include < string. h >                             char buffer[128];
#include "rtpsession. h"                           if( argc!  = 3) {
//错误处理函数                                       printf("Usage: ./sender destip destport//n");
void checkerror( int err) {                        return - 1;
if( err < 0) {                                     }
char * errstr = RTPGetErrorString( err);           //获得接收端的 IP 地址和端口号
printf("Error: % s//n", errstr);                   destip = inet_ addr( argv[1]);
exit( - 1);                                        if( destip =  = INADDR_ NONE) {
}                                                  printf("Bad IP address specified. //n");
}                                                  return - 1;
int main( int argc, char * * argv) {               }
RTPSession sess;                                   destip = ntohl( destip);
unsigned long destip;                              destport = atoi( argv[2]);
int destport;                                      //创建 RTP 会话
int portbase = 6000;                               status = sess. Create( portbase);
```

```
checkerror( status) ;
//指定 RTP 数据接收端
status = sess. AddDestination(destip,destport) ;
checkerror( status) ;
//设置 RTP 会话默认参数
sess. SetDefaultPayloadType(0) ;
sess. SetDefaultMark(false) ;
sess. SetDefaultTimeStampIncrement(10) ;
//发送流媒体数据
```

```
index = 1 ;
do  {
sprintf(buffer, "%d: RTP packet", index + +) ;
sess. SendPacket( buffer, strlen ( buffer) ) ;
printf("Send packet! //n") ;
    } while(1) ;
return 0 ;
    }
```

（3）编写数据接收端程序 receiver. cpp。该程序负责从指定的端口不断地读取 RTP 数据包，其完整代码如下：

```
#include < stdio. h >
#include "rtpsession. h"
#include "rtppacket. h"
//错误处理函数
void checkerror( int err)  {
if( err < 0)  {
char ∗ errstr = RTPGetErrorString( err) ;
printf("Error: % s//n", errstr) ;
exit( − 1) ;
        }
    }
int main( int argc, char ∗ ∗ argv)
    {
RTPSession sess;
int localport;
int status;
if( argc ! = 2)  {
printf("Usage: ./sender localport//n") ;
return − 1 ;
        }
//获得用户指定的端口号
localport = atoi( argv[1] ) ;
//创建 RTP 会话
```

```
status = sess. Create( localport) ;
checkerror( status) ;
do {
//接收 RTP 数据
status = sess. PollData( ) ;
//检索 RTP 数据源
if( sess. GotoFirstSourceWithData( ) )  {
do {
RTPPacket ∗ packet;
//获取 RTP 数据包
 while ( ( packet = sess. GetNextPacket ( ) )!
    = NULL)  {
printf("Got packet! //n") ;
//删除 RTP 数据包
delete packet;
            }
        } while ( sess. GotoNextSourceWith-
            Data ( )) ;
    }
  } while ( 1) ;
return 0 ;
    }
```

习　题

7 − 1 简述流媒体、流媒体技术的概念。

7 − 2 简述在网络上实现流媒体技术需要解决哪些问题。

参 考 文 献

[1] 付先平，宋梅萍 . 多媒体技术及应用（第 2 版）［M］. 北京：清华大学出版社，2012.

[2] 尹敬齐 . 多媒体技术（第 2 版）［M］. 北京：机械工业出版社，2010.

[3] 李晓静 . 计算机多媒体技术的应用现状与发展前景［J］. 科技情报开发与经济，2007，17（36）：146～148.

[4] 陆鑫，周荣，王琳 . CorelDRAW X5 实战从入门到精通［M］. 北京：人民邮电出版社，2012.

[5] 徐丽 . 中文版 Photoshop CS5 从入门到精通［M］. 北京：中国电力出版社，2011.

[6] 张凡 . Premiere Pro CS4 中文版基础与实例教程（第 2 版）［M］. 北京：机械工业出版社，2013.

[7] 王环，李安宗 . 新编中文 Flash8 实用教程（第 2 版）［M］. 西安：西北工业大学出版社，2011.

[8] 朱丽兰 . Flash 动画设计与制作项目教程［M］. 北京：清华大学出版社，2012.

[9] 九州书源 . Authorware 多媒体制作（第 2 版）［M］. 北京：清华大学出版社，2011.

[10] 冯建平，符策群，孙洪涛 . Authorware 多媒体制作教程（第 3 版）［M］. 北京：人民邮电出版社，2012.

[11] 好搜百科：流媒体［EB/OL］. http：//baike. haosou. com/doc/3263621－3438546. html，2015－1－3.